Research on Stability Analysis Method of Landfill under Multi-point Seismic Ground Motion

多点地震动作用下卫生填埋场稳定性分析方法研究

尚文涛 著

人民交通出版社股份有限公司
China Communications Press Co.,Ltd.

内 容 提 要

本书通过理论推导及工程实例验证，建立了适应不同气候特点的卫生填埋场多点地震动作用的稳定性分析方法，并对相关问题进行了系统研究。本书共分7章，主要内容包括：绪论、卫生填埋场稳定性与滑移形式定性分析、多点地震动作用下卫生填埋场稳定性分析方法建立、考虑基质吸力影响的卫生填埋场多点地震稳定性分析、考虑渗滤液影响的卫生填埋场多点地震稳定性分析、工程实例分析等。

本书可作为高等学校土木工程、环境工程、市政工程等专业的教学参考书，亦可为相关领域的工程技术人员提供参考。

图书在版编目(CIP)数据

多点地震动作用下卫生填埋场稳定性分析方法研究 / 尚文涛著. — 北京 : 人民交通出版社股份有限公司, 2017.11

ISBN 978-7-114-14352-6

Ⅰ. ①多… Ⅱ. ①尚… Ⅲ. ①地震—影响—卫生填埋场—稳定分析 Ⅳ. ①X705

中国版本图书馆 CIP 数据核字(2017)第 288843 号

书　　名：多点地震动作用下卫生填埋场稳定性分析方法研究
著 作 者：尚文涛
责任编辑：郭红蕊　朱明周
出版发行：人民交通出版社股份有限公司
地　　址：(100011)北京市朝阳区安定门外外馆斜街3号
网　　址：http://www.ccpress.com.cn
销售电话：(010)59757973
总 经 销：人民交通出版社股份有限公司发行部
经　　销：各地新华书店
印　　刷：北京鑫正大印刷有限公司
开　　本：787×1092　1/16
印　　张：8
字　　数：191千
版　　次：2017年11月　第1版
印　　次：2017年11月　第1次印刷
书　　号：ISBN 978-7-114-14352-6
定　　价：39.00元
(有印刷、装订质量问题的图书由本公司负责调换)

前 言

FOREWORD

近年来，卫生填埋场在建设、运营、封场等过程中失稳事件屡有发生，给人类的生命财产、生存环境带来重大威胁。因此，确保卫生填埋场的稳定成为其工作性的首要前提。卫生填埋场不同于边坡，失稳破坏的形式主要是滑移失稳，其影响因素是多种多样的，填埋体力学参数、衬垫接触面力学参数、填埋场几何参数、基质吸力、渗滤液、地震等都可能诱发失稳事件的发生。

其中，地震对卫生填埋场稳定性的影响，无论从规模、经济损失还是灾后重建难度等方面来说，都是其他因素不可比拟的。目前，对于卫生填埋场的地震动研究主要集中在均一地震动作用下的稳定性以及动力反应分析上，即对整个填埋体采用相同的地震动输入，没有考虑实际地震动的时间—空间过程。而诸多工程实例表明，在地震分析中是否考虑地震动的时间—空间变化性，对工程稳定性有较大影响。如何建立卫生填埋场的多点地震滑移稳定性分析方法、计算卫生填埋场真实的稳定性系数，成为急需解决的问题。

除此之外，对于不同气候地区的卫生填埋场稳定性分析，应当充分考虑与其气候特点有关的有利或不利因素，计算真实稳定性系数。干旱半干旱地区填埋体由于含水率小而处于非饱和状态，存在较大的基质吸力，稳定性分析时如何计算其对稳定性系数的影响以及利用非饱和特性进行增高扩容，对卫生填埋场的高效利用有重要意义；湿润多雨地区卫生填埋场由于降雨量大而蒸发量少等原因，导致渗滤液水位升高、稳定性系数降低，如何在雨期到来之前，将渗滤液降至安全水位之下，消除安全隐患，对于卫生填埋场的安全运营有重要的现实意义。

作者自2009年求学河海大学，从事卫生填埋场工程实践和研究，参与了多个卫生填埋场的咨询和分析工作，相关研究获市、厅级科技进步奖2项，发表SCI论文3篇。本书是作者教学、科研和工程实践经验的总结，旨在帮助卫生填埋场从业者掌握稳定性分析的计算理论与相关工程问题的分析方法。

本书在深入分析卫生填埋场稳定性影响因素的基础上，考虑多点地震动作用，建立了适应不同气候特点的卫生填埋场多点地震动作用的稳定性分析方法，并分析了各影响因素对稳定性系数变化的规律。本书主要内容包括：

(1)在人工合成多点地震动理论研究基础上，提出了卫生填埋场稳定性分析中考虑时间、空间变化的多点地震动荷载计算方法，并对相关参数的取值进行了讨论。通过算例分析了地震动参数对滑移稳定性系数的影响，并通过与规范算法的对比，证明该计算方法的正确性和有效性。

(2)针对干旱半干旱地区填埋体非饱和的特点，提出了考虑基质吸力影响的多点地震动作用下卫生填埋场局部、整体滑移形式的稳定性分析方法，并分析了各影响因素的变化对两种滑移形式稳定性系数的影响。

(3)针对湿润多雨地区卫生填埋场渗滤液水位高的特点，提出了考虑渗滤液影响的多点地震动作用下卫生填埋场局部、整体滑移形式的稳定性分析方法，并分析了各影响因素的变化对两种滑移形式稳定性系数的影响。

由于作者水平和能力有限，书中难免存在不当之处。作者将以感激的心情诚恳接受旨在改进本书的批评和建议。

尚文涛

2017 年 05 月

目　录

CONTENTS

第1章 绪论

1.1 研究背景与意义

1.1.1 研究背景

随着经济的发展、城市化进程的加快和人民生活水平的提高，垃圾的排放量急剧增加，垃圾处置及污染防治问题变得日益突出[1]。据有关资料统计，目前我国城市生活垃圾的年产生量已达到2亿t，每年还以约10%的速度递增，历年垃圾的存量已达到100亿t[2]。我国2010～2016年城市生活垃圾清运量和处理量如表1.1所示，可见，巨量的城市生活垃圾威胁到城市的可持续发展，垃圾处理的形势十分严峻。

我国2010～2016年城市生活垃圾清运及处理量 表1.1

年份	2010	2011	2012	2013	2014	2015	2016
生活垃圾清运量	15805.2	16395.3	17080.9	17238.6	17860.2	19141.9	21500.5

注：清运及处理量单位为万t；未处理量不包括未清运垃圾。

现代垃圾处理面临的迫切问题就是如何对其进行有效处理以及在处理过程中如何避免对周围环境造成污染。目前，城市生活垃圾处理主要按照图1.1所示进行[3]：

图1.1 城市生活垃圾处理流程

在此基础上衍生出的方法主要有堆肥法、焚烧法和填埋法三种。

堆肥法是一种比较古老的固体废弃物处理方法，工艺比较简单，适合于易腐有机质含量较高的生活垃圾。有机质在微生物的作用下进行生物化学反应，最后形成类似腐殖质土壤的物质，可作肥料或土壤改良剂。堆肥法包括厌氧发酵和好氧发酵两种方式。厌氧分解需在严格缺氧条件下进行，厌氧微生物分解生长较慢，故不多用。好氧分解过程可同时产生高温，可以杀灭病虫卵、细菌等。我国主要采用好氧分解法[4]。法国、瑞士、荷兰均采用成套机械进行堆肥作业[5]。我国从20世纪90年代开始，在无锡市试行了机械化堆肥处理，作为新的生活垃圾处理技术推广项目。但是，机械化堆肥处理量小，且我国的生活垃圾成分复杂，无机物含量较高，堆肥效果一般，需要添加氮、磷、钾等营养物质，因此该技术没有得到广泛推广[6]。目前提出采用生物堆肥法来处理生活垃圾，通过在生活垃圾中添加各种生物活性菌，利用活性菌的特殊功能对生活垃圾进行转化，具有很好的处理效果，已受到农业部的高度重视[7]。

焚烧法是将生活垃圾中的可燃成分在高温(800～1000℃)条件下经过燃烧反应，使可燃成分充分氧化，最终成为无害、稳定的灰渣的方法。焚烧法一般可使生活垃圾体积减小80%～90%，重量减少70%～80%[8-10]，可以大大减少占地，并能回收热能用于生活取暖和发电，在减量化和资源化方面具有优势。欧美、日本等发达国家已将生活垃圾焚烧产生能源作为开发新能源的一种途径[11]。但由于焚烧法投资大、管理复杂、处理费用高、易产生有害气体以及国产设备不过关等制约条件，尤其是焚烧法要求生活垃圾的热值应达到18600kJ/kg[12]，而我国生活垃圾可燃成分较低，热值一般很难达到该标准(如武汉市生活垃圾的热值仅为2181.05kJ/kg)，而且生活垃圾焚烧产生的灰渣仍需填埋处理，因此该技术在国内一直未能大范围推广应用。近年来，随着人民生活水平的提高，生活垃圾中废塑料、废纸等组分的含量显著增加，且以塑料的增幅最大；并且具有较高的有机厨余垃圾含量，可燃物组分(纸类、竹木纤维、塑料橡胶)的含量也不断增加[13]。生活垃圾组分的变化，使其总有机质和热值提高，垃圾焚烧处理技术在我国逐步引起重视。到目前为止，深圳、北京、上海、南京等城市已有50多座大型的垃圾焚烧发电厂建成并投入运行[14]。

填埋法是指环卫部门将收集的生活垃圾运输到填埋地，将其以每层2.5～3m的厚度在日填埋区域内加以摊铺，然后进行机械压密，最终在生活垃圾的上部再铺以15～30cm的黏土层并再次压实，形成一个完整的日填埋垃圾土层单元，一个完整的卫生填埋场由几个到几十个这种日填埋层组成[15]。填埋法是最先在我国各大中城市中得到应用和推广的生活垃圾处理方法。从20世纪80年代后期开始[16]，上海、广州、深圳等地相继建立了卫生填埋场。这些填埋场与最初的堆置场相比有了很大的改进，在设计中针对垃圾渗滤液和填埋气体的污染采取了相应的控制措施，如压实黏土衬垫、渗滤液导排、填埋气体疏导等；在施工管理方面，实行分区填埋、分层压实、定期覆土等。在这些实践的基础上，并借鉴发达国家的经验，更多的城市正在精心设计或建造具有更高标准的城市卫生填埋场，力求在底部防渗和渗滤液控制等方面取得更好的效果。由于卫生填埋法处理量大、适应性强、一次性处理、没有残余物、管理方便且运行费用合理，加之我国大多数城市未实行全面的垃圾分类投放制度，生活垃圾成分混杂，因此它已成为我国生活垃圾处理的主要手段，而且，作为生活垃圾处理的最终方法必将长期存在[17]。

以上三种方法中，填埋法是处理生活垃圾最经济和可行的方法[16]。IPCC(Intergovernmental Panel on Climate Change，政府间气候变化专门委员会)[18-20]研究报告指出，欧洲、非洲、美洲、亚洲及大洋洲城市生活垃圾的填埋处理量约各自占其总处理量的67%、69%、61%、63%和75%。

1.1.2 研究意义

卫生填埋场对选址的要求较高，一般很难找到各方面条件都满足的场址。因此，为了延长现有卫生填埋场的使用寿命，卫生填埋场的高度越填越高，坡度越填越陡[21]。由于对卫生填埋场稳定性问题了解不够全面，导致世界很多地方相继发生卫生填埋场的坡体失稳。1988年位于美国Kettleman山的一个卫生填埋场发生侧向滑动破坏，水平位移达到10.67m(35ft)[22]；1996年3月美国俄亥俄州Cincinnati填埋场120万t填埋体发生整体滑动[23]；2002年我国重庆市沙坪坝区凉枫垭卫生填埋场因暴雨发生大规模坡体失稳[24]。这些卫生填埋场的破坏对周边环境和居民都产生灾难性后果,造成极为严重的二次污染。如何合理地进行卫生填埋场的设计与稳定性分析,在扩大卫生填埋场容量、增加服务年限的同时,保证卫生填埋场的稳定,促进经济效益与社会效益的协调统一,是当前面临的一个重要课题。本研究的意义概括如下:

(1)在分析现有卫生填埋场稳定性分析方法的基础上,提出了卫生填埋场多点地震动作用的滑移稳定性分析方法。该方法能够更真实地计算卫生填埋场滑移稳定性系数,为卫生填埋场的安全运营提供依据;同时,该方法拓宽了多点地震动工程应用研究的范围。

(2)深入地剖析了卫生填埋场滑移失稳的影响因素,并对卫生填埋场发生整体与局部滑移失稳的力学条件进行分析;针对同一卫生填埋场,计算两种滑移稳定性系数的大小关系,克服了原来先入为主的假定滑移面破坏的形式;丰富了卫生填埋场的动态破坏理论,为卫生填埋场的滑移稳定性分析提供理论前提。

(3)基于拟静力分析方法,推导出了多点地震动作用下卫生填埋场滑移稳定性系数的计算表达式;并对卫生填埋场滑移稳定性影响因素进行了深入细致的分析,寻找影响卫生填埋场稳定性的"短板";为卫生填埋场的合理设计及延长服务年限提供了理论依据。

(4)针对干旱半干旱及湿润多雨地区的不同气候特性,修改完善了前文建立的卫生填埋场稳定性分析方法,为该方法的广泛应用奠定了理论基础。利用该方法可以获得更为准确的稳定性系数,指导卫生填埋场的设计与运营管理。

综上所述,本书研究的理论和方法,能够为卫生填埋场的科学设计与安全运营提供依据。因此,研究卫生填埋场的地震响应及稳定性不仅具有重要的理论价值,而且具有广泛的社会经济价值。

1.2 多点地震动在工程中应用的研究现状

地震时的地面运动是一个复杂的时间—空间过程,以前的抗震设计研究往往把注意力放在地震动的时变特性上,而对地震动的空间变化特性考虑较少。地震时,从震源释放的能量以地震波的形式传到地表并引起地面震动。实际地震动密集台网得到的强震记录表明,即使在50m的范围内地震动也有明显的差异[25],具体表现为地震动在时空的复杂变化形式和分布(地震动的随机场)。对于平面尺寸较小的建筑物,忽略地震动的空间变化,采用所谓的"一致激励"假定进行分析,能够满足此类结构的抗震设计要求,但对于平面尺寸较大的结构,地震动的空间变化将对结构反应产生重要影响[26]。

产生地震动空间变化的原因在于[27-29]:①行波效应。空间不同点的距离与地震波的波长在同一数量级时,不同点之间地震动产生时间滞后;②部分相干效应。由于地球介质的不均匀性,地震波在介质中的反射和折射,使地震波在其传播方向的不同位置上叠加方式不同,由此产生各支点处地震动相干性的损失;③局部场地效应。空间不同点处的局部土层不同,使由基岩到地表的地震波中各种频率成分的含量不同。

地震反应分析是在工程领域评价结构抗震设计水平和结构安全性的一个重要方面,甚至是结构选型的关键因素,而多点地震动输入则是更加符合结构实际情况的地震动输入方式[30]。因此,进行空间变化地震动激励下工程结构的反应分析显得尤为重要,各国学者对此进行了一系列卓有成效的研究工作。

(1)大跨度空间结构

早在1965年,Bogdanoff[31]等人就首先注意到地震动传播过程的时滞效应对大跨度结构的影响。

Harichandran和Wang(1988)[32]考虑了地震动的行波效应和不相干性,采用随机模型对简支梁进行了分析,结果表明仅考虑行波效应会低估梁的动力反应,并且对于简支梁来说,一致输入的假定过于保守。在后来的研究中,Harichandran和Wang(1990)[33,34]对两跨连续梁进行了计算,分析了不同跨长下行波效应和相干性的影响效果,并将计算结果与一致输入和只考虑行波效应时的情况进行了对比分析,结果表明:①考虑行波效应和相干性对于一些情况偏于保守,而对于另一些情况偏危险,因此分析多跨结构的动力反应时,应当同时考虑行波效应与相干性;②当视波速比较大时,考虑相干性要比考虑行波效应重要;③对于多跨结构来说,一致输入得到的结果是不准确的。

Hahn和Liu(1994)[35]以支承在弹性地基刚性基础上的单层刚性楼板结构为分析对象,考察了多点输入对建筑结构扭转振动的贡献,并将其同规范所规定的偶然偏心做了比较。结果表明:多点输入降低结构的地震底部剪力;其引起的结构扭转振动同结构的抗扭刚度有很大的关系,偶然偏心值随着结构抗扭刚度的增大而减少;而对于抗扭刚度较小的结构,多点输入引起的偶然偏心值要大于规范所规定的值,即对于扭转和平动的第一自振周期比大于1的结构来说,规范所提供的偶然偏心值是偏于不安全的。

罗尧治等(2005)[36]研究了索穹顶结构动力特性及多点抗震性能研究,只考虑了行波效应的影响。研究表明:多点输入对于行波方向的位移影响显著,对单元内力产生不利影响,大跨度索穹顶结构抗震分析中考虑行波效应和多维地震动输入是必要的。

孙建梅等(2005)[37]进行了多维多点输入下大跨度空间网格结构的可靠度分析,输入的地震动场考虑了行波效应和部分相干效应,建立了基于虚拟激励理论的多点输入反应谱法,利用该方法比较了一致输入与多点输入下的计算结果和危险杆件分布情况,指出应用多点输入反应谱法可以对大跨度网壳、网架等空间结构进行地震反应分析。

杨庆山等(2005)[38]基于相位差谱生成的非平稳空间地震动场研究了国家体育场在多点激励作用下的地震反应,并将计算结果与一致激励的结果进行了对比。研究表明:水平地震动作用下多点激励作用方向上的位移反应一般小于一致激励,而非激励方向的位移一般大于一致激励;竖向地震动作用下的变形在多点激励时较大,基底剪力和基底弯矩在多点激励作用下的反应较一致激励的要小。

白凤龙和李宏男(2005)[39]采用三角级数法模拟非平稳空间地震动,研究了大跨度柱支承空间网架结构在空间变化地震动三向正交分量分别独立作用下的反应,指出网架结构在多点地震动激励下与行波激励下的反应结果变化规律相似,多数情况下行波激励得出偏于不安全的结果,而忽略地震动空间变化会低估大跨度空间网架结构的反应。

Su等(2007)[40]分别研究了地震动多点水平向激励和竖向激励下拱桁架结构的地震反应。结果发现:与一致激励相比,地震动多点水平激励会增大结构的反应,而多点竖向激励会减小结构的反应,研究显示了地震动空间变化对于大跨度拱结构反应的重要影响。

(2)桥梁结构

项海帆(1983)[41]对天津永和桥的研究表明,行波效应对漂浮体系斜拉桥是有利的;而陈幼平[42]以该桥为实例，采用三维空间模型，得出桥梁在三向正交分量作用下，行波效应可能使斜拉桥地震反应显著加大，塔根弯矩可增大1倍，主梁轴力可增大6~10倍。因此，斜拉桥的行波效应可能对结构破坏有十分重大的影响。

Abdel-Ghaffar等(1991)[43]采用已有的地震动记录，通过对斜拉桥进行三维非线性分析，研究了多点地震动输入对斜拉桥的影响。结果表明：①当采用多点地震动输入时，结构的反应与单点输入相比有明显不同，在一些情况下结构反应会大于单点输入，而一些情况下结构反应会小于单点输入；②随着视波速的减小，结构动力反应会相应增大，并且对于斜拉桥这种几何形状复杂的大跨度结构进行非线性分析是必要的。在随后的研究中，Nazmy等[44]对现有的几座斜拉桥进行了分析，发现当采用多点输入时结构的动力反应会显著增大，尤其是当桥的刚度越大时或者桥梁支座位于不同性质的土层时这种增大效果更明显。

王君杰等(1995)[45]研究了多点激励效应对大跨度拱桥抗震安全的重要意义。研究结果表明：多点地震动输入对于大跨度桥梁结构的地震响应是不可忽视的，可能增大也可能减小结构的响应，难以得到确切的结论。

Harichandran等(1996)[46]、Vinita Saxena(2000)[47]研究了多点地震动对现有几座大跨度悬索桥和拱桥的影响，采用Harichandran-Vanmarcke模型(1986)[48]考虑输入地震动的相干性，对桥梁采用二维有限元模型进行模拟。结果表明：单点输入得到的结果是不可接受的，因为单点输入的结果在有些情况下会高估桥梁的反应，而在有些情况下则会低估桥梁的反应。仅仅考虑行波效应会大大低估大跨度桥梁的地震反应，因此在考虑多点输入时有必要同时考虑非相干性的影响。

Monti等(1996)[49]采用Monte Carlo方法对桥梁在多点地震动下的非线性反应进行了分析，相干函数采用Luco and Wong模型(1986)[50]，考虑部分行波效应与部分相干效应。结果如下：①当仅仅考虑行波效应时，视波速对桥梁反应有明显影响；②当考虑部分相干效应时，行波效应对桥梁反应的影响变小；③对于坚硬土而言，位移反应的均值随非相干性增大而增大，而对于中等土和软土来说，这一特征并不十分明显，但是位移反应的标准差随非相干性增大而增大；④多点地震动假定导致设计荷载减小(相对于单点地震动假定)，因此在设计时采用单点地震动假定常常使得结果偏于保守。

Kiureghian等(1997)[51]采用多点反应谱(MSRS)方法分析多点地震动作用下的桥梁反应。结果表明：在文中给定土性条件下，跨度超过15m(50ft)就需要进行多点地震动输入分析，并且如果桥梁支座位于不同土性时，需要进行多点地震动输入分析的跨度会更短。为了研究更多参数的影响，作者进一步分析了两个具体案例，结果表明：①多点输入与单点输入相比可能会放大结构反应，也可能会减小结构反应；②对于跨长72m(240ft)的桥梁，行波效应占到主要作用，而土性的影响次之，对于跨长36m(120ft)的桥梁则土性的影响占主导作用；③目前采用的对桥梁各个支座输入同样反应谱的分析方法是不准确的并且常常偏于危险。

范立础等(2001)[52]利用虚拟激励法研究了非一致地震动输入时斜拉桥地震响应的影响。结果表明：与一致地震动相比，地震动的空间变化可以使斜拉桥的地震响应改变达40%，并且局部场地土条件对斜拉桥地震响应影响很大。

李忠献等(2003)[53]对一大跨度的四跨连续刚构桥进行了考虑行波效应地震动下的反应分析，并与一致地震动下的计算结果进行了比较，表明考虑行波效应会对主梁产生不良影响。

刘洪兵等(2003)[54]研究某三跨连续刚构考虑地形以及多点地震动输入时的动响应分析得出:对于梁柱的位移和立柱的弯矩响应而言,考虑多点地震动是有利的,而两立柱顶部对应的梁截面处和跨中处的弯矩响应,在考虑多点地震动时是不利的。

广州丫髻沙大桥抗震性能研究是近期同济大学土木工程防灾国家重点实验室承担的科研项目之一,地震动输入分别考虑了一致激励、行波输入(取某一条波,各输入点之间相差一个相位)、多点输入(各点取相近孔位的人工波)3种情况。分析结果表明,行波输入对该桥来说是最不利的输入方式[55]。就主拱脚的轴力、剪力、弯矩而言,行波输入下的反应分别是一致输入情况下的1.32、1.69、1.76倍,是多点输入下的1.62、1.91、2.00倍。另外,行波效应使得纵向地震动作用下主拱顶的轴力和弯矩明显增大,而横向多点输入时的影响比较复杂,有些内力反应增加,有的减小。但总的说来,地震动空间变化对该桥地震反应的影响是不容忽略的。

欧洲 Eurocode 8 规范(1994)[56]规定:进行桥梁抗震设计,当桥长大于200 m且存在地质不连续或明显的不同地貌时,或当桥梁总长大于600m时,无论地质情况如何,均应该考虑地震动的空间变化对结构的影响。并给出了一些相应的指导原则。S. H. Kim 等(2003)[57]分析了桥梁空间地震动作用下的脆性变化并指出,尽管目前在美国的抗震规范中未考虑多点地震动,但是最近美国联邦公路局(FHWA)正在考虑在修改桥梁抗震规范时加入有关多点地震动的相关条文。我国《公路桥梁抗震设计细则》(JTG/T B02-01—2008)[58]建议对地质不连续或超过规定跨度的桥梁结构进行多点输入地震响应分析计算。

(3)生命线工程

Zerva(1991)[59]通过将地下管线分别简化为两跨和三跨连续梁分析了相干性和行波效应的影响。结果表明:部分相干性的影响要大于行波效应,当完全不相干时可以忽略行波效应,当地震动相干性越大,行波效应将使得结构反应大于或小于单点输入时的结构反应。当视波速较低时,行波效应对拟静力方法的影响要大于动力分析方法,随着视波速的增大行波效应对拟静力方法的影响逐渐减小,而对动力方法的影响则逐渐变大。然而当结构的第一阶频率比输入地震动的基频大得多时,结构的整体反应与单点输入相比变化不大。

Zerva(1994)[60]分析了多点地震动对生命线的影响。研究对比了两种常用的相干函数模型对结构反应的影响。采用 Zerva(1992)[61]提出的差异反应谱概念来对结构的反应结果进行比较。结果表明:单独考虑行波效应会低估结构的反应,当视波速比较大时相干性对结构反应的影响要大于行波效应的影响,采用单点输入的结果要大于采用多点输入的结果。

Ghobarah 等(1996)[62]研究了在多点输入下,导线和输电塔的侧向地震反应,地震动输入模型考虑了行波效应和相干效应。研究表明:一致输入模型不能完全代表反应导线最大位移反应,多点输入可导致导线很大的位移和塔的惯性力。

董汝博等(2010)[63]建立了海底悬跨管道多点输入非线性分析模型,研究了各种非线性特性对管道地震响应的影响,比较了多点输入、行波输入和一致输入三种不同地震动输入方式对海底悬跨管道地震反应计算结果的影响。结果表明:地震动的空间变化性对海底管道地震反应具有显著的影响,采用一致地震动输入将导致保守的结果。

王岱等(2010)[64]利用随机振动理论中的虚拟激励法计算了均匀介质中地下连续管线纵向和横向地震响应,给出了局部效应、相干效应对地下连续管线的影响。分析结果表明:忽略地面运动的部分相关性会给出不安全的结果,不同的部分相干模型对地下连续管线的影响不同。因此,实际计算时应考虑地震动的部分相关性,慎重选取部分相干模型。

(4)大坝、边坡工程

陈厚群等(1990)[65]以东江双曲拱坝的实际地震动记录作为自由场的输入,给出拱坝结构多点输入的计算分析数学模型。分析表明:在拱坝上部拱冠附近通常出现高动应力区,多点输入的应力反应小于基底均匀输入结果,但多点输入有可能在1/4拱圈附近出现较大的动应力。

田景元(2003)[66]建立了二维土石坝的多点地震动反应模型,比较分析了多点输入与单点输入的地震动反应特点。分析表明:对于100m高的土石坝,多点输入与单点输入反应较为接近;而对于240m高的超大型土石坝,存在多点输入反应的特点,坝体内永久位移和损伤值最大的部位多点输入的反应量较小。

范昭平(2010)[67]基于极限平衡条分法,建立了边坡多点、多向地震动稳定性分析方法,研究了几何参数、土性参数、地震动参数、双层边坡以及非圆弧滑面等因素对多点、多向地震动作用下边坡稳定性的影响规律。结果表明:考虑多点、多向地震动作用时,边坡安全系数要大于单点、单向作用下的安全系数,并且随着坡高与地震动峰值加速度的增大,多点、多向与单点、单向两种地震动作用下的边坡安全系数之间的差距会越来越大。

1.3 地震动作用下卫生填埋场稳定研究现状

垃圾体比一般的土体要复杂得多,主要由于其多样性、多孔性、非饱和性、高非均质性和各向异性等,并且性状还因其组成物质的腐烂分解过程不断发生变化,使得其静动力性状很难测定。另外考虑到卫生填埋场中存在土工合成材料(土工膜、土工织物、土工栅格)组成的衬垫、覆盖系统所允许的永久地震位移较小,卫生填埋场的地震分析更复杂。由于垃圾土性复杂,取样困难,特别是地震动记录不多,使得其动力响应研究比较缓慢。

目前针对卫生填埋场稳定性的静力研究较多。自1994年美国Northridge地震[68]以来,卫生填埋场受动力荷载下的反应特性及地震稳定性问题才受到越来越多的关注[69],例如1995年美国土木工程师学会(ASCE)在San Diego Ca召开的城市固体卫生填埋场抗震设计和动力特性国际会议,1997年国际土力学及岩土工程协会(ISSMGE)第五技术委员会召开的环境岩土工程国际会议都是针对卫生填埋场的地震稳定性分析问题。从现有的研究文献来看,与卫生填埋场地震稳定性相关的研究工作主要集中在理论分析方法研究和试验研究两个方面。下面从这两个方面进行综述。

1.3.1 理论分析方法

(1)拟静力法

拟静力法是一种基于极限平衡理论的方法。Bray等(1998)[70]认为拟静力法可以用于地震活动不很频繁地区卫生填埋场的动力反应分析。一般当填土和覆盖系统内峰值加速度系数等于0.5时所估算的安全系数如果等于1,则填埋场系统所发生的总体变形通常是可以接受的;如果安全系数小于1,则可采用Newmark法[71]计算潜在破坏的地震永久位移。Chen等(2008)[72]建立了仅考虑水平地震力的三滑块极限平衡方法,分析稳定性系数与水平地震力系数,并且通过 Newmark 法计算了地震动作用下卫生填埋场的永久位移。Qian 等(2010)[73]采用拟静力方法考虑地震力作用分析卫生填埋场的滑移稳定性,指出卫生填埋场滑移发生在底部或背部屈服加速度最小值位置,并且滑移面位置受高度、坡度、衬垫接触面力学参数等影响。但在考虑地震力荷载时仅考虑了水平荷载,没有考虑竖直地震力;而且地震动加速度加速度值是不变的一致激励输入。邓学晶(2010)等[74]在城市卫生填埋场防渗层的二维滑动面上定义了水平等效加速度,代表地震在卫生填埋场覆盖层和衬垫层引起的荷载水平,并与屈服加速度进行比较来评价填埋场的地震稳定性,通过与试验结果对比,验证了提出的 2D 拟静力分析方法能够给出相对保守的地震稳定性评价结果。Choudhury 等(2011)[75]建立了考虑水平、竖直地震力的卫生填埋场滑移稳定性分析方法,并计算了卫生填埋场在垃圾坝之上、下滑移的稳定性系数及影响因素。

(2)等效线性化方法

等效线性化方法是将动力变形分析法中的地震力等效为一维线性动力的分析方法。其中估算垃圾堆体内的峰值平均加速度用一维等价线性变形分析法,其实就是所谓的“剪切梁法”,极限平衡的分析法则用于确定相应的屈服加速度。若动力反应分析计算的峰值平均加速度大于屈服加速度,则可用 Newmark 法来计算潜在滑动面上发生的永久位移,然后根据变形值计算城市卫生填埋场内不同单元的应力和应变。对卫生填埋场用 SHAKE 程序进行一维动力分析。Rathje 等(2001)[76]用一维波动程序 SHAKE91 对卫生填埋场地震产生位移的影响因素进行了详细分析,表明卫生填埋场稳定不仅与垃圾动力特性有关,而且和填埋高度、场地条件有关。Matasovic 等(2006)[77]用了四种方法对 OVSL 填埋场的覆盖系统变形及稳定进行了分析并和地震实际的破坏情况做了对比。

(3)非线性方法

非线性分析是建立在有效应力法的基础之上的,可以考虑材料的动力非线性,一般采用黏弹性模型,求解动力方程用等效线性迭代法。Augello 等(1998)[78]对卫生填埋场用 QUAD 程序进行了二维分析。Kavazanjian 等(1996)[79]用二维动力有限元对 OII(Operating Industies, Inc)填埋场的地震动记录进行了反分析。浙江大学岩土工程研究所陈云敏、柯瀚等(2002)[80]用二维动力有限元方法对杭州某卫生填埋场的地震响应进行了分析并假设圆弧滑面用转动惯量计算了永久位移。大连理工大学水利抗震研究所刘君、孔宪京(2004)[81]采用非连续变形分析方法,对卫生填埋场复合型边坡地震稳定和永久变形进行了分析。邓学晶等(2007)[82]用 FLAC 程序对卫生填埋场地震响应特性进行了二维有限差分分析,用水平等效加速度估算了其衬垫和覆盖层的稳定性。Psarropoulos 等(2007)[83]用二维有限元重点分析了卫生填埋场场地条件对地震响应的影响,表明卫生填埋场的变形是地基和结构相互作用过程,场地刚度和地震动水平对卫生填埋场稳定影响很大。

1.3.2 试验研究

(1)室内试验

Matasovic 和 Kavazanjian(1998)[84]对 OII 填埋场做了剪切波速试验和大型(试样直径 457mm)循环直剪(CyDSS)试验,研究重塑 MSW(城市固体废弃物)在大应变下的模量和阻尼特性,通过试验地震反分析证明 MSW 的动模量比符合曼辛曲线,并给出了上下限和平均值。

Yegian 等(1998)[85]通过振动台试验测试土工合成材料接触面的动力反应特性,认为动荷载作用下摩擦角和静力下变化不大,并用等效土层代替原衬垫和覆盖层对卫生填埋场进行了动力分析。Kramer 等(1997)[86]在振动台上模拟了修正 Newmark 法模型并分析卫生填埋场在动荷下产生的位移。Feng 等(2005)[87]通过人工配制固体废弃物试样,利用中型动三轴试验仪研究其在较大应变范围内 MSW 的动力特性,建议了动剪切模量和阻尼比与动剪应变依赖关系的取值范围和平均值曲线,并将其与 OII 填埋场 MSW 动力特性的研究结果进行对比,得出 MSW 的成分对其动力特性的影响较大。Brennan 等(2005)[88]用离心机试验,研究了土工膜在动荷载下的受拉特性,模拟卫生填埋场衬垫系统受动荷影响。

(2)现场试验

Matasovic 和 Kavazanjian(1995,1996)[79,89]对多个填埋场做了大量的现场波速测试和动力触探试验,给出剪切波速的平均值随深度增加的参考值。Sharma 等(1990)[90]用跨孔法和下孔法测得卫生填埋场的剪切波速。Houston 等(1995)[91]用下孔法对加利福尼亚西北地区的卫生填埋场进行了波速测试。浙江大学岩土工程研究所(2008)[92]用表面波频谱分析法对杭州天子岭填埋场剪切波速进行了测试。Matasovic 等(2008)[93]用圆锥动力触探测出垃圾的不排水剪切强度。

(3)填埋场地震动记录

最有名的 OII 填埋场[94],现已封顶,它的坡顶和坡底位置设置了地震监测站,并已有 34 次地震的实测记录,除了 1994 年 1 月 17 日(Northridge Earthquake,里氏震级 $M_L=6.7$)测得的填埋场顶部最大水平加速度 $0.25g$、底部最大水平加速度 $0.26g$ 外,在填埋场顶部监测到的最大水平加速度为 $0.1g$(1992 年 7 月 28 日,Landers Earthquake,矩震级 $M_W=7.3$),填埋场底部最大水平加速度为 $0.22g$(1988 年 12 月 3 日 Pasadena Earthquake,里氏震级 $M_L=5$)。

1.4 问题的提出

卫生填埋场的地震稳定性分析是一个跨学科、交叉性的课题,它不仅涉及环境工程、岩土工程,更涉及较为复杂的地震工程。因此,卫生填埋场地震稳定性分析研究的难度较大,导致该课题研究很不成熟。从前面的总结可以发现,虽然国内外对于地震动作用下卫生填埋场的稳定性研究已经取得了很大的发展,但仍然存在一些问题,需要做进一步探讨。

(1)卫生填埋场的破坏形式不同于普通边坡,滑移破坏是其较为常见的失稳形式,这一点得到了诸多学者的认同。但是在卫生填埋场究竟是发生整体滑移还是局部滑移的问题上,并没有统一的认识,现在普遍的做法是假定某一滑移形式,然后计算其稳定性系数。这一人为假定滑移面不仅先入为主,不能全面考虑卫生填埋场的滑移失稳破坏形式,而且错误地评估卫生填埋场的稳定性系数,给卫生填埋场的运营管理带来安全隐患。因此,综合考虑卫生填埋场的整体与局部滑移破坏形式,系统分析两种破坏形式的稳定性系数,对于评价卫生填埋场的稳定性有着重要的意义。

(2)目前对卫生填埋场的地震稳定性研究主要集中在均一地震动作用下的稳定性以及动力反应分析上,即对整个填埋体采用相同的地震动输入。在考虑竖向地震动作用时,也只是简单地把水平地震动乘以同一个系数作为竖向地震动,即认为水平地震动和竖向地震动是完全相关的。而实际地震动是一个复杂的时间—空间过程,在地震分析中,是否考虑地震动时间—空间变化性,对工程稳定性有较大影响。近几年,多点地震动输入在大跨度空间结构、桥梁结构、生命线工程、大坝、边坡等地震分析中研究较多,但是对于卫生填埋场的相关研究较少。如何建立卫生填埋场的多点地震稳定性分析方法、计算卫生填埋场真实的稳定性系数是急需解决的问题。

(3)影响卫生填埋场稳定性的主要因素有卫生填埋场的几何构型参数、填埋体力学参数、衬垫接触面力学参数、渗滤液分布、地震等,卫生填埋场的稳定性是由这些因素共同决定的。然而这些影响因素对稳定性影响的大小顺序如何,也就是如何确定对稳定性影响最大的因素,找到影响卫生填埋场稳定性的"短板",为设计与运营提供合理的改进建议,是当前应该重视的一个问题。

(4)填埋体中含水率随所处地域气候的不同存在显著差异,含水率的差异直接导致了填埋体力学参数的不同,进而影响卫生填埋场的稳定性。对于湿润多雨地区,渗滤液水位随降雨量的不同而动态变化,研究渗滤液水位对稳定性的影响以及在雨期到来前将渗滤液水位降至安全水位对于该地区卫生填埋场的稳定性有重要意义。然而,对于干旱半干旱地区,非饱和填埋体的基质吸力并未被考虑到稳定性分析中,这将导致稳定性分析过于保守,不利于卫生填埋场的扩容及延长服务年限。因此,在土地资源,尤其是适合建设卫生填埋场土地资源稀缺的今天,充分利用现有卫生填埋场对社会及经济有重要意义。

1.5 研究内容及技术路线

1.5.1 研究内容

针对目前研究中存在的问题,本书从卫生填埋场的岩土工程学视角出发,围绕多点地震动作用下卫生填埋场稳定性评价这一中心研究主题,对涉及的相关问题进行了全面深入的研究。主要研究内容包括以下几个方面:

(1)对卫生填埋场的失稳破坏形式进行研究,通过总结大量实例说明整体与局部滑移破坏是卫生填埋场较为常见的破坏形式;在分析卫生填埋场稳定性影响因素(填埋体力学参数、衬垫接触面力学参数、卫生填埋场的几何构型参数、基质吸力、渗滤液、地震等)的基础上,定性给出了稳定性系数随时间变化的表达式。分析了卫生填埋场的整体与局部滑移破坏形式发生的力学条件,为稳定性分析提供了理论基础。

(2)合成了考虑时间、空间变化的随机相关的多点地震动,并将合成的多点地震动与滑移破坏分析方法结合,建立了多点地震动作用下卫生填埋场的滑移破坏计算方法。在此基础上对比分析了多点地震动作用下卫生填埋场稳定性系数与先前计算的稳定性系数的区别。

(3)针对干旱半干旱地区的特性,考虑了填埋体的基质吸力,建立了适用于干旱半干旱地区的多点地震动作用下卫生填埋场稳定性分析方法,研究了卫生填埋场的非饱和基质吸力、几何构型参数、填埋体力学参数、衬垫接触面力学参数等对稳定性的影响规律,分析卫生填埋场整体与局部稳定性系数的变化规律。

(4)针对湿润多雨地区的特性,考虑了填埋体的渗滤液影响,建立了适用于湿润多雨地区的多点地震动作用下卫生填埋场稳定性分析方法，研究了卫生填埋场的几何构型参数、填埋体力学参数、衬垫接触面力学参数、渗滤液参数等对稳定性的影响规律，分析卫生填埋场整体与局部稳定性系数的变化规律。

（5）利用本书建立的稳定性分析方法，以干旱半干旱地区某卫生填埋场为例，计算基质吸力对稳定性系数提高的程度以及可扩容增加的高度；以湿润多雨地区某卫生填埋场为例，计算渗滤液水位对稳定性系数降低的程度以及保证填埋场有一定安全储备的渗滤液水位最高值，为其安全运营提供依据。

1.5.2 技术路线

本书技术路线如图1.2所示。

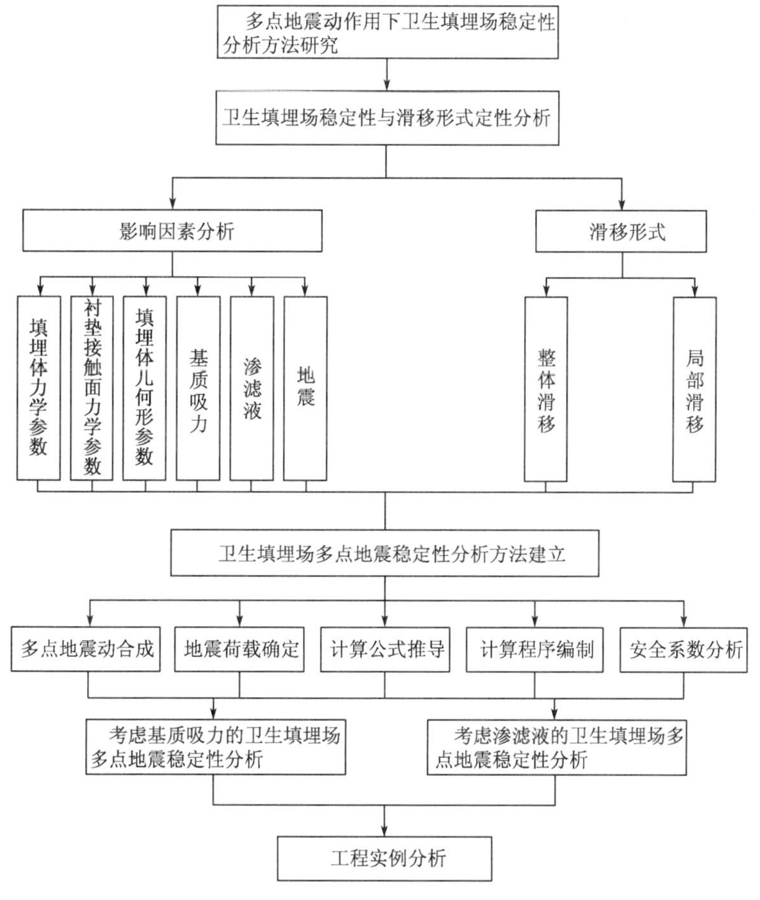

图1.2 技术路线示意图

第2章 卫生填埋场稳定性与滑移形式定性分析

2.1 引 言

为了防止卫生填埋场中的渗滤液对地下水环境造成污染,从20世纪70年代开始,人工衬垫作为防渗屏障在卫生填埋场工程中开始被采用[95]。我国以前填埋场的底部采用天然黏土或者改性黏土作为防渗衬垫[96],要求渗透系数不应大于 1.0×10^{-7} cm/s,且填埋场底部和背部边坡衬垫厚度不应小于2m。但由于单一黏土衬垫防渗效果较差,渗滤液易渗入填埋场底部,对地下水造成污染。目前我国《生活垃圾卫生填埋技术规范》(CJJ 17—2004)[97]规定采用复合衬垫(土工膜、土工织物和压实黏土层的组合)防渗系统。

虽然,包含有土工膜、土工织物和黏土层的复合衬垫系统能起到很好的防渗作用,但由于填埋体—压实黏土、压实黏土—土工织物界面、土工织物—土工膜界面之间的剪切强度低,使得填埋体容易产生沿着界面的滑动,致使卫生填埋场发生失稳破坏[98]。表2.1为Koerner和Soong(2000)[99]调研的失稳填埋场及其失稳原因。

Koerner 和 Soong 调研的失稳填埋场及其失稳原因 表2.1

实例	年份(年)	失稳体积(万 m^3)	滑动类型	失稳诱因
U-1	1993	47	滑移破坏	周边地表水入渗使渗滤液水位升高
U-2	1996	110	滑移破坏	坡角结冰淤堵导致渗滤液水位升高
L-1	1988	49	滑移破坏	土工膜和压实黏土衬垫间的界面过湿
L-2	1994	6	滑移破坏	土工膜和压实黏土衬垫间的界面过湿
L-3	1997	10	滑移破坏	复合黏土衬垫中膨润土潮湿
L-4	1997	30	滑移破坏	液体的回灌 + 持续降雨
L-5	1997	120	滑移破坏	渗滤液回灌导致渗滤液水位过高

注:表中"L"表示底部有衬垫系统的填埋场;"U"表示底部无衬垫系统。

Blight(2008)[100]分析了1977~2005年发生的6个大型卫生填埋场或堆置场的滑移失稳事件,图示演绎了滑移失稳过程,并采用Qian等(2003)[101]建立的滑移稳定性分析方法反分析了填埋场的稳定性系数。

由此可见,滑移形式被视为卫生填埋场失稳的主要形式,已被广大学者普遍认可,并以此作为后续研究的基础[102-106]。

卫生填埋场滑移稳定性受填埋体力学参数(黏聚力、内摩擦角、重度)、衬垫接触面力学参数、填埋体几何外形参数、基质吸力、渗滤液分布、地震等多种因素的影响,其稳定状态是这些因素综合作用的反映。然而各因素在卫生填埋场稳定中所起的作用是不同的,在认识卫生填埋场滑移失稳发生时,应区别各因素在卫生填埋场稳定中所起的作用,有重点地考察和分析起主导作用的因素。

因此,本章在对卫生填埋场稳定性影响因素认识的基础上,研究卫生填埋场整体及局部滑移破坏形成的力学条件,为卫生填埋场稳定性分析及评价提供重要的理论研究基础。

2.2 卫生填埋场滑移失稳影响因素分析

2.2.1 填埋体力学参数

填埋体的力学参数对卫生填埋场动力稳定性计算至关重要[107],选择合适的黏聚力、内摩擦角、重度等参数是评价填埋场动力稳定性的关键性工作。然而,由于填埋体组成复杂[108]、分布不均匀、影响其力学性能的因素繁多(降解、淋滤等[109,110])以及研究起步相对较晚等原因,文献中对填埋体力学参数的认识并不一致,有些甚至差别较大,这给卫生填埋场稳定性分析带来不小的困难。

填埋体由很多性质不同的成分组成,这些成分通常均是多孔的和非饱和的,包括居民生活遗弃物、城市建设垃圾与保洁收集物、城市商业活动废弃物,以及日覆盖黏土等。不同种类填埋体的数量常常改变,即使是同一类填埋体,其数量也随填埋时间不同而发生变化。在这些填埋成分中大部分有机物极易被微生物分解转化(生物降解),而无机物则不分解或分解得极其缓慢,这些都会对填埋体的工程性质产生很大影响。

虽然填埋体和常规土体有很大差异,但由于其还是以摩擦特性为主的散粒体结构,因此借鉴岩土力学研究方法,采用摩尔—库仑理论建立填埋体的力学参数数学模型,已被广大学者认可[111]。

(1)抗剪强度参数

与土相似,卫生填埋体的抗剪强度也随着法向荷载增加而增大。然而,由于卫生填埋体中有机质含量高并且具纤维形态,其性状并不像典型的土,反而更接近于纤维的泥炭。影响城市生活垃圾强度特性的因素包括[112]:①有机质和纤维素含量;②废弃物的年龄和分解程度;③填埋场的组成成分、压实方式和每日覆盖土的数量。同时,卫生填埋体的强度也受剪切方向的影响[113]。为了获得填埋体的抗剪强度参数,国内外诸多学者做了大量工作。

Manassero 等(1996)[114]建议当轴向应力较低时($\sigma_v<20\mathrm{kPa}$),剪切强度仅考虑黏聚力,即 $c=20\mathrm{kPa}$,$\phi=0$;当轴向应力中等时($20\mathrm{kPa}\leqslant\sigma_v<60\mathrm{kPa}$),剪切强度仅考虑内摩擦角,即 $c=0$,$\phi\approx38°$;当轴向应力较大时($\sigma_v\geqslant60\mathrm{kPa}$),剪切强度既考虑黏聚力又考虑内摩擦角,即 $c\geqslant20\mathrm{kPa}$,$\phi\approx30°$。

Eid 等(2000)[23]以 1996 年发生在美国俄亥俄州最大的一次城市填埋场边坡失稳为例,采用现场试验、室内试验及失稳边坡反分析等手段,研究填埋材料剪切强度,表明有效应力摩擦角大致为 35°,黏聚力处于 0~50kPa 范围内,平均值为 25kPa。

朱向荣等(2004)[115]的直剪试验结果表明,ϕ 在 40.4°~49.6°,c 为 6.4~31.4kPa;UU(不固结不排水剪)常规三轴试验得到 ϕ 在 10.5°~19°,c 为 0~10.2kPa;CU(固结不排泄水剪)常规三轴试验得到 ϕ 在 25°~41.4°,c 为 1.3~10.6kPa。

陈云敏等(2005)[116]利用大型三轴剪力仪进行固结排水剪试验,研究以应变 10%~15% 作为破坏应变,得到摩擦角主要在 17°~26°,黏聚力在 0~50kPa,并建议填埋体抗剪强度取值 $\phi=22°$,$c=20$kPa。

Feng 等(2005)[79]以杭州天子岭卫生填埋场试样为依据,对人工配制的填埋试样进行大型静动三轴试验,研究表明:填埋体的黏聚力和摩擦角随着轴向应变的增加逐渐增大,当应变超过 10% 左右,黏聚力随着轴向应变的增长幅度比应变较小时要高得多,并没有出现峰值,而摩擦角的增长幅度比在应变的初始阶段要小一些,在应变增大到 30% 时趋于平缓,并建议将应变 5%~10% 作为动荷载作用下破坏应变。

Gabr 等(2007)[109]通过对回灌渗滤液下的填埋体力学参数的直剪试验,表明填埋体摩擦角从新鲜时的 33°降至降解后的 24°,随降解程度的加深而减小。

Zhan 等(2008)[117]通过现场试验和室内试验相结合,研究苏州卫生填埋场中填埋体抗剪强度随填埋龄期的变化,研究表明:在 10% 应变破坏条件下,填埋体龄期从 1.7 年到 11 年的变化中,黏聚力从 23kPa 下降到 0,然而内摩擦角却从 9.9°上升到 26°。

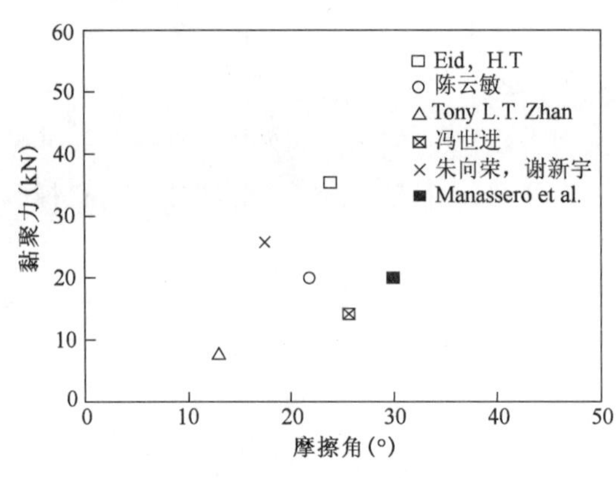

图 2.1　垃圾填埋体抗剪强度参数

Reddy 等(2011)[118]通过室内试验研究了填埋体不同降解程度下的土力学特性,研究表明不管新鲜还是陈腐的填埋体,随着应变的增大,其黏聚力和内摩擦角均增大;随着降解的持续,填埋体黏聚力增大,但内摩擦角有小幅降低。

图 2.1 为对前人研究的抗剪强度的综合整理,不难发现,填埋体抗剪强度存在较大的离散性,填埋体抗剪强度随时间的动态变化也给稳定性评价带来了不确定因素,因此,在评价时应慎重选择抗剪强度参数。

(2)重度

填埋体的重度是卫生填埋场设计中应用最广的参数,静、动力稳定性分析、衬垫设计、填埋容量计算以及封顶的设计等都要用到这一参数。然而,由于填埋体的重度受其初始组成、填埋深度、日覆盖土层、沉降压缩、生物降解等因素影响,表现出较大的波动性[119]。因此,精确得到填埋体的重度是较为困难的一项工作。

目前获取填埋体重度的方法有直接测量和间接估算两大类[120]。直接测量又分为实验室和现场测试两种。实验室法就是在实验室里对现场获取的原状填埋体称重和测量体积,然后计算重度。该法的优点是,外界干扰较少,量测精度较高;缺点是,目前的取样设备和技术很难获得尺寸足够大的有代表性的原状填埋体试样,因此,很难得到有代表性的可靠的试验结果。现场测试法,目前常用的有现场试坑法、现场大型钻孔法[121]。现场试坑法和现场大型钻孔法都是在选定的试验区,对挖出的填埋体现场称重,除以填埋体体积算出重度。现场大型钻孔法能够开挖至深层的填埋体，而现场试坑法开挖深度有限，只能得到浅层填埋体的重度。

间接估算法是通过对卫生填埋场填埋高度和形状进行测量，并将填埋场竣工、填埋体进场前的资料比较，得到各阶段填埋体总体积，再根据填埋体进场前称重的总和计算各阶段填埋体的平均重度。采用这个方法可以计算各阶段以及整个填埋体平均重度。从方法上讲，该法较可靠，但由于无法估算填埋体称重后在填埋和放置期降雨入渗和蒸发引起含水率变化而导致的重度变化，使得结果有一定误差。

Fassett 等(1994)[112]在总结前人试验的基础上，通过现场实测给出了填埋体重度的大致范围是 2.9 ~ 15kN/m^3。Kavazanjian 等(1995)[122]给出了填埋体重度随埋深增加的关系曲线。张振营等(2000)[123]试验中得出填埋体的天然重度范围为 7.8 ~ 13.4kN/m^3。朱向荣等(2004)[115]相应的试验结果为 8 ~ 16kN/m^3，大多数集中在 8 ~ 13.5kN/m^3。Zekkos 等(2006)[120]绘制了填埋体重度随填埋深度的变化以及推荐的 3 条重度分布曲线(图 2.2)，重度随深度增加而增加，增长速率随深度的增加而趋缓。对于轻度压实填埋体，重度随深度增大明显，在 60m 深度范围内，垃圾重度由 5kN/m^3 增至 12kN/m^3；对于高度压实填埋体，重度随深度变化不大，为 15.5 ~ 16.5kN/m^3；一般压实填埋体的重度分布曲线位于两者之间，重度为 10 ~ 14kN/m^3。这些资料可为填埋体稳定性分析计算时合理选取填埋体重度提供参考。

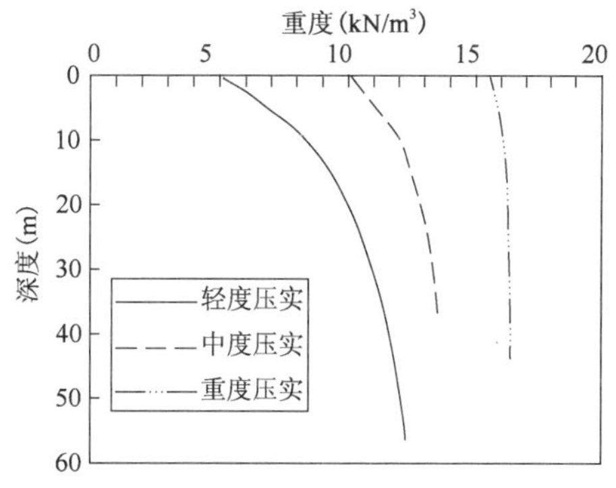

图 2.2　填埋体重度随填埋深度的变化的 3 条重度分布曲线

2.2.2　衬垫接触面力学参数

卫生填埋场产生的污染主要是由垃圾渗滤液的渗漏和填埋废气的逸散引起的，因此填埋场设计的目的是阻断渗滤液、废气和固体有害物质同环境的联系[124]。防止渗滤液渗漏和扩散是卫生填埋场中最关键的问题之一，而由于渗滤液具有极强的污染性和腐蚀性，底部衬垫系统的设计尤为关键。

根据我国《生活垃圾卫生填埋技术规范》(CJJ 17—2004)[97]、《生活卫生填埋场防渗系统工程技术规范》(CJJ 113—2007)[125]和《生活垃圾填埋污染控制标准》(GB 16889—2008)[126]的规定，填埋场衬垫系统可采用以下几种结构形式：①天然压实黏土衬垫[图 2.3a)]，压实黏土渗透系数不超过 1 × 10^{-7}cm/s，厚度不小于 2m；②HDPE 土工膜与压实黏土层组成的复合衬垫系统[图 2.3b)]，压实黏土层渗透系数不超过 1 × 10^{-7}cm/s，厚度不小于 0.75m；③HDPE 土工膜与 GCL 组成的复合衬垫系统[图 2.3c)]，GCL 渗透系数不超过 5 × 10^{-9}cm/s，GCL 下部应采用一定厚度的压实黏土作为保护层，其渗透系数不超过 1 × 10^{-7}cm/s；④HDPE 土工膜单层防渗结构[图 2.3d)]下部采用压实黏土作为保护层，渗透系数不超过 1 × 10^{-7}cm/s，厚度不小于 0.75m，地下水贫乏的地区可采用这种结构形式；⑤双层衬垫系统[图 2.3e)]主防渗层和次防渗层均采用 HDPE 土工膜，下部采用压实黏土作为保护层，渗透系数不超过 1 × 10^{-7}cm/s，厚度不小于 0.75m，特殊地质和环境要求非常高的地区应采用这种结构形式。

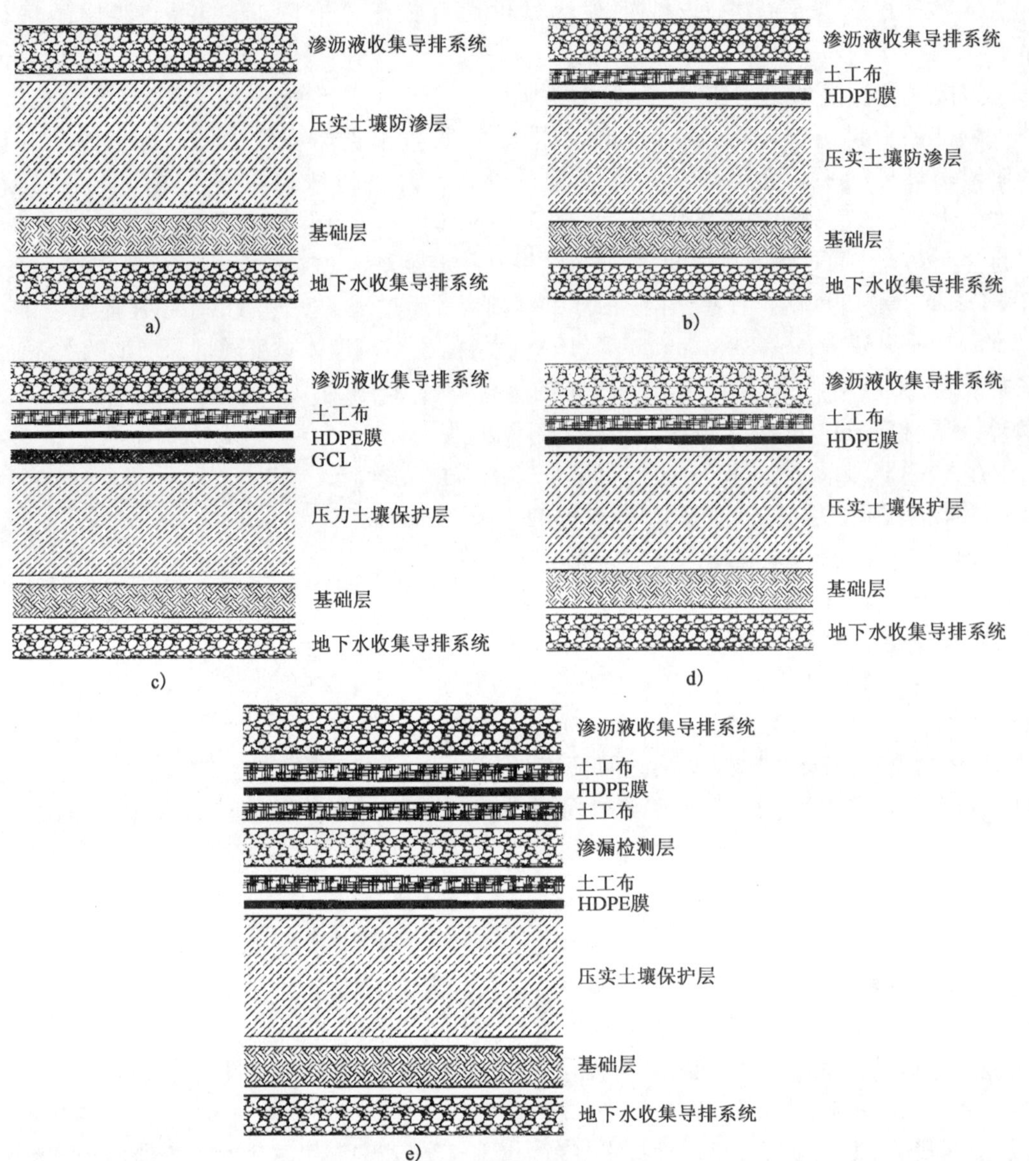

图 2.3　我国规范推荐的衬垫系统结构形式[125]

复合衬垫系统的使用给填埋场设计和施工带来了传统方法所无法比拟的优势，但衬垫系统内部界面强度较低，易造成填埋场沿界面失稳。例如，1988 年 Kettleman Hills 填埋场因土工膜/土工织物界面及土工膜/黏土界面强度较低而造成整个填埋场沿底部界面产生滑移破坏[127]；2008 年深圳下坪填埋场也因土工织物/土工膜界面强度不足在高渗滤液水位下产生了局部滑移[128]。因此，卫生填埋场衬垫之间界面的剪切强度对卫生填埋场的滑移稳定具有重要作用，在确定界面间剪切强度时需谨慎选择。

国内外诸多学者对此类问题进行了较多且深入的研究。图 2.4 为土工膜—黏土界面的剪应力—剪切位移关系曲线示意图[129]，在初始阶段，抗剪强度在较小的剪切位移时即迅速增加到峰值强度,超过峰值强度后,抗剪强度随着剪切位移的增加迅速降低,在较大的剪切位移时,抗剪强度达到残余值。

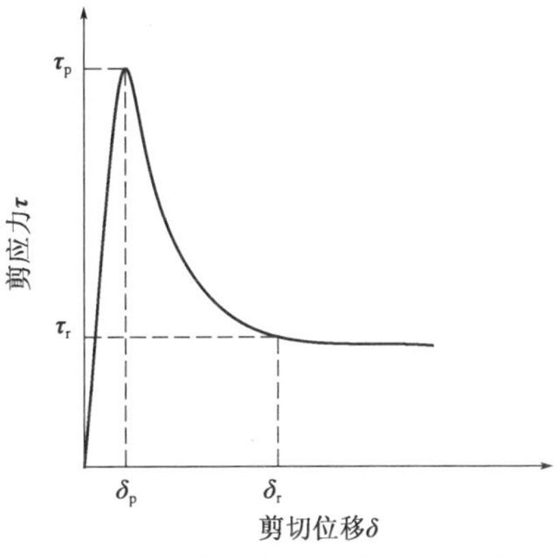

图2.4 土工膜—黏土界面剪应力—剪切位移关系曲线

对于衬垫不同类型接触面的剪切力,研究表明存在较大的差异性[130,131]。Bergado等(2006)[132]研究表明在确定接触面剪切强度时应根据现场试验而不是室内试验,衬垫接触面的种类、现场地基土的类型、密度、压实度、含水率等都会影响接触面的峰值剪切强度和残余剪切强度。Qian等(2003)[101]指出卫生填埋场的稳定性由衬垫各接触面间最低的剪切强度决定。

姜炳阳(2002)[133]对含土工膜的夹层土坡进行了振动台试验,研究了上工膜与覆盖层土体之间的摩擦系数比值对夹层土坡的地震稳定性。研究结果表明,采取措施加大土工膜夹层本身的摩擦系数可以大大提高含土工膜夹层边坡的地震稳定性。

Seo等(2007)[134]通过直剪试验研究了接触面在潮湿条件下的剪切强度特性,研究表明在潮湿和透水状态下接触面的剪切强度都有不同程度的降低;同时Seo还指出随着正应力的增加,峰值剪切强度中摩擦角逐渐减小,因此,从保证卫生填埋场安全的角度出发,在设计时应选取较大正应力下对应的峰值摩擦角。

上述文献表明,衬垫系统界面的剪切强度与所采用的材料类型、接触面干湿状况、上覆应力、持续时间、振动荷载等密切相关,而卫生填埋场的稳定性由衬垫各接触面间最低的剪切强度决定。因此,确定合理的衬垫接触面力学参数是卫生填埋场稳定性分析关键工作之一。

2.2.3 卫生填埋场几何外形参数

卫生填埋场首要任务是选址和确定几何外形,在实际工作中,需要综合考虑经济、政治、社会等诸多因素,是一个区域性的复杂问题。卫生填埋场的选址决定了其几何外形,从工程安全和技术的角度出发,新建填埋场的选址涉及以下几个问题[135,136]:

(1)地下水位,我国规范要求卫生填埋场填埋区基础层底部与地下水年最高水位保持1m以上距离。

(2)地表水域,生活卫生填埋场选址的高程应位于重现期不小于50年一遇的洪水位之上,并建设在长远规划中的水库等人工蓄水设施的淹没区和保护区之外。

(3)场地地形,应满足填埋场施工和其他配套建筑设施的布置以及设计年限内的容量要求;另外,自然地形的稳定性应该进行专门论证,原则上场地坡度不应大于5%,如果需要开挖,开挖后边坡的稳定性也是填埋场工程设计的重要内容。

(4)场地地质条件,卫生填埋场场址的选择应避开下列区域:破坏性地震及活动构造区;活动中的坍塌、滑坡和隆起地带;活动中的断裂带;石灰岩溶洞发育带;废弃矿区的活动塌陷区;活动沙丘区;海啸及涌浪影响区;湿地;尚未稳定的冲积扇及冲沟地区;泥炭以及其他可能危及填埋场安全的区域。

(5)与周围人群的距离,卫生填埋场场址的位置及与周围人群的距离应依据环境影响评价结论确定,并经地方环境保护行政主管部门批准。在对生活卫生填埋场场址进行环境影响评价时,应考虑生活卫生填埋场产生的渗滤液、大气污染物(含恶臭物质)、滋生动物(蚊、蝇、鸟类等)等因素,根据其所在地区的环境功能区类别,综合评价其对周围环境、居住人群的身体健康、日常生活和生产活动的影响,确定生活卫生填埋场与常住居民居住场所、地表水域、高速公路、交通主干道(国道或省道)、铁路、飞机场、军事基地等敏感对象之间合理的位置关系以及合理的防护距离。

由于卫生填埋场选址的复杂性以及费用的高昂性,因此在卫生填埋场达到设计填埋容量后,国内外较为普遍的做法是根据场地地形条件选择横向或纵向扩容[137]。卫生填埋场的扩容势必改变其几何参数(平面长度、宽度、坡顶宽度、前坡坡角、背坡坡角等),因此必须进行重新设计并采取措施保证其稳定性。但是,更多的情况下,卫生填埋场的扩容是盲目增加高度、坡率,以"提高"其经济性。

事实上,填埋体高度增加,上覆压力增大,而填埋体底部抗剪强度并没有相应增加,因此会导致失稳的发生。坡率如果无限制地增加,超过填埋体的"休止角",在填埋体的局部将会发生失稳。因此,卫生填埋场的几何参数对其稳定性的影响是基础性的,通过合理的设计确定几何参数是保证稳定性的前提。

2.2.4 基质吸力

垃圾在收集与填埋过程中都处于非饱和状态,加之填埋体内部降解产生的高温与外界的蒸发作用,卫生填埋场内水分逸出,使得卫生填埋场处于非饱和状态。这种情况在干旱及半干旱地区更为明显。Bligh 等(1992)[138]通过对 Coastal 和 Linbro 卫生填埋场的基质吸力测试,发现基质吸力大多小于 300kPa,某些存在较大值的点可能是局部微生物降解所致(见图 2.5)。

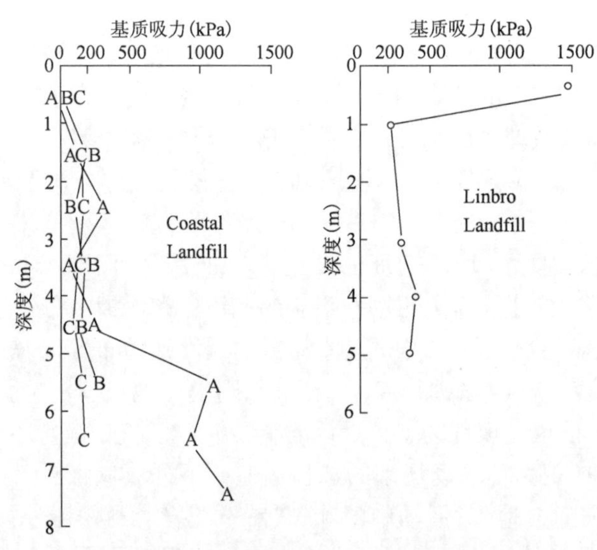

图 2.5 Coastal 和 Linbro 卫生填埋场基质吸力分布图

图2.6总结了国内外垃圾—水特征曲线。Beson等(1998)[139]通过室内配制的垃圾体得到了垃圾—水特征曲线,并给出了该曲线的数学计算公式。Jang等(2002)[140]通过改进的Tempe仪测量垃圾—水特征曲线,分析了垃圾的压实度对垃圾—水特征曲线的影响,研究发现随垃圾压实度的增加,持水曲线变缓,饱和含水率有减小的趋势,残余含水率有增加的趋势。Kazimoglu等(2006)[141]通过改进后的压力板仪测试了垃圾—水特征曲线。魏海云(2007)[142]采用Tempe仪和压力板仪研究了垃圾组分和孔隙比对垃圾—水特征曲线的影响,研究发现,对于相同孔隙比的垃圾,有机物含量越高,对应于相同基质吸力的含水率越高;对于相同组分的垃圾,孔隙比越大,则饱和含水率越大。张文杰(2007)[143]针对苏州七子山填埋场不同埋深和龄期的钻孔垃圾样开展了室内试验研究,结果表明:随基质吸力增加,浅层垃圾含水率减小得比深层垃圾快,即其垃圾—水特征曲线更陡,这是由于垃圾密实度和渣土含量随深度增加。侯长亮等(2009)[144]采用自行配制的城市生活垃圾,开展了垃圾填埋介质的土—水特征曲线室内试验研究,研究结果表明:孔隙率和降解时间对垃圾的土—水特征曲线有着显著的影响,降解时间越短,其低基质吸力(小于100kPa)下的曲线段越陡,而其残余含水率则越低;垃圾填埋介质的孔隙率越大,其低基质吸力情况下的曲线越陡,而其残余含水率则越低。

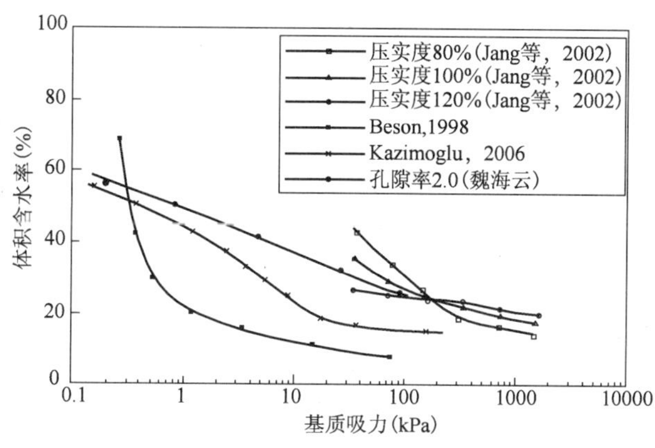

图2.6 填埋体—水特征曲线

基质吸力对卫生填埋场稳定性的影响是通过非饱和垃圾体的抗剪强度表现的。Fredlund等(1993)[145]提出了非饱和土的抗剪强度公式,非饱和垃圾体的抗剪强度可以借鉴该公式表示。在抗剪强度公式中采用$(\sigma_n - u_a)$和$(u_a - u_w)$这两个独立的应力状态变量来表达,利用这两个应力变量写成的抗剪强度公式如下:

$$\tau = c + (\sigma_n - u_a)\tan\phi' + (u_a - u_w)\tan\phi^b \tag{2.1}$$

式中: c——有效黏聚力,Mohr-Coulomb破坏包线的延伸与剪应力轴的截距,在剪应力轴处的破坏净法向应力和基质吸力均为零;

$(\sigma_n - u_a)$——破坏时在破坏面上的净法向应力状态;

u_a——破坏时在破坏面上的孔隙气压力;

ϕ'——与净法向应力状态变量$(\sigma_n - u_a)$有关的内摩擦角;

$(u_a - u_w)$——破坏时在破坏面上的基质吸力;

ϕ^b——与基质吸力相关的内摩擦角,表示抗剪强度随基质吸力$(u_a - u_w)$而增加的速率。

上述的非饱和抗剪强度公式中的 ϕ^b，必须通过非饱和试验来测定。但是由于非饱和垃圾体中的吸力量测困难，使得其在工程实践中较难广泛应用。然而，可以通过借鉴 Fredlund 等(1995)[146]提出的利用土水特征曲线来预测基质吸力引起的抗剪强度的经验分析公式，对公式(2.1)进行改写。

$$\tau = c + (\sigma_n - u_a)\tan\phi' + (u_a - u_w)[(\theta - \theta_r)/(\theta_s - \theta_r)]\tan\phi' \tag{2.2}$$

式中：θ_s、θ_r——饱和及残余体积含水率；

θ——由土水特征曲线求得。

对比公式(2.1)、式(2.2)中的第三项，可得：

$$\tan\phi^b = [(\theta - \theta_r)/(\theta_s - \theta_r)]\tan\phi' \tag{2.3}$$

θ 在 $[\theta_r, \theta_s]$ 取值时，$\tan\phi^b$ 在 $[0, \tan\phi']$ 取值，则 ϕ^b 取值范围为 $(0° \sim \phi')$。因此，ϕ^b 值可以通过非饱和垃圾体的垃圾—水特征曲线上与基质吸力 $(u_a - u_w)$ 对应的 θ 值求得。

由此可见，如果不考虑非饱和垃圾体的基质吸力作用，则低估垃圾体的抗剪强度，不利于卫生填埋场的正常使用与扩容；相反，如果高估垃圾体的基质吸力及与其相关的内摩擦角，则会导致卫生填埋场处于不安全状态。

2.2.5 渗滤液

雨水及地表水渗入填埋场，在垃圾生物化学和化学降解作用下，垃圾中的污染物溶解析出，产生含有高浓度悬浮物和高浓度有机成分的污水称为渗滤液。影响渗滤液的因素较为复杂，归纳起来主要有以下几个方面[147]：水分供给状况（降水、地表入渗、地下水、垃圾水）、填埋场表面状况（蒸发量、地表径流）、垃圾性质（物理特性、化学特性）、填埋场底部情况（导排系统、衬垫设置情况）、填埋场运行方式（垃圾分层、压实程度、渗滤液回灌方式）等。图 2.7 为卫生填埋场内渗滤液形成和运移图示。

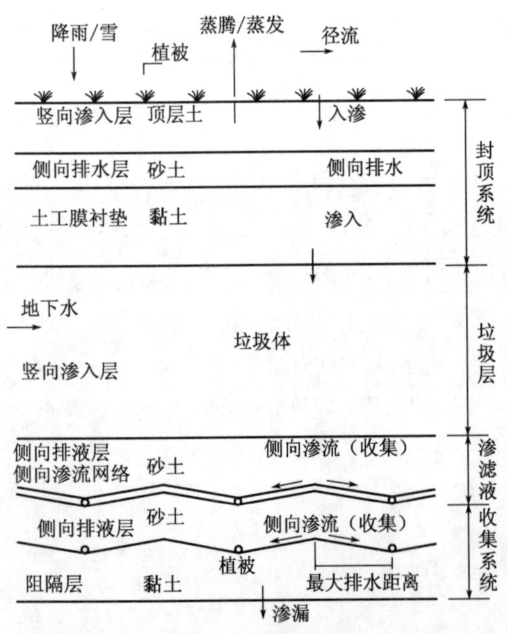

图 2.7　卫生填埋场内渗滤液形成与运移图示

我国规范[125]规定填埋场必须建造渗滤液导排系统，该导排系统应确保在填埋场的运行期内防渗衬层上的渗滤液深度不大于 30cm。然而实际上，随着降雨量变化、填埋场内压力和温度变化以及导排层的逐渐淤堵，形成的潜水位可达几米或几十米。深圳下坪填埋场 2008 年现场监测表明，填埋体后部区域渗滤液水位埋深高达 5m 左右[128]。因此，卫生填埋场大多在高水位下运行。

卫生填埋场中渗滤液水位过高，导致衬垫上部压力水头过大，加大了渗滤液透过衬垫发生渗漏，污染地下水或地表水的可能。据美国环保局的统计，美国已有的 7500 个卫生填埋场，75% 对周边土体或水体造成了明显的污染[148]。谢海建等(2011)[149]对比计算了我国规范推荐采用的 4 种单层衬垫系统在不同水位条件下的渗滤液渗漏速率和污染物扩散速率，结果表明，当渗滤液水头增加时渗漏速率约成比例增加,当渗滤液水头为10.0m时,渗漏速率是水头为0.3m时的24~31倍。因此高渗滤液水头会导致衬垫系统渗漏率提高和污染物扩散速率加快,为提高现有衬垫系统的服役性能,控制填埋体内渗滤液水头至关重要。

另一方面,过高的渗滤液水位影响卫生填埋场边坡的稳定性。随着渗滤液水位升高,孔隙水压力增大导致垃圾(或场底土体、或衬垫界面)的抗剪强度降低,因此,若卫生填埋场内渗滤液水位过高,则可能导致其失稳。Koerner等(2000)[150]揭示了渗滤液在填埋场中的分布形式,并定性说明了稳定性系数随渗滤液水位升高而降低,指出渗滤液水位过高将会导致填埋体的整体失稳。Qian(2008)[102]针对渗滤液的4种分布形态,推导了渗滤液作用下的滑移稳定性计算公式,并通过算例计算了各影响因素对稳定性系数的影响,指出不同的渗滤液分布形式对稳定性系数的影响不同。Blight(2008)[100]对多个发生失稳的卫生填埋场进行分析,发现其失稳破坏的原因与卫生填埋场内高水位的渗滤液有直接关系。Jiang等(2010)[151]通过对中国多雨地区渗滤液积聚对卫生填埋场稳定性的影响分析,得出安全系数随着渗滤液水位的上升而降低,当渗滤液水位达到卫生填埋场高度一半时,安全系数将会达到临界安全点。

因此,在卫生填埋场运营中必须及时排出多余渗滤液,控制渗滤液的水位;同时,在稳定性分析时必须合理计算或者监测渗滤液水位,以获得更准确的安全系数。

2.2.6 地震

我国是一个多地震的国家,地震活动分布范围广、频度高、强度大、震源浅,几乎所有的省、自治区、直辖市都发生过6级以上强震。20世纪以来,全球7级以上强震之中,中国约占35%;全球3次8.5级以上巨大地震,有2次发生在中国大陆。有记载[152]以来,发生过的8级以上的地震就有:1411年西藏当雄南8级大地震、1556年陕西华县8级大地震、1668年山东郯城县8.5级大地震、1679年河北三河平谷8级大地震、1920年宁夏海原8.5级大地震、1927年甘肃古浪8级大地震、1950年西藏察隅8.5级大地震、1951年西藏当雄北8级大地震、2001年青海昆仑山口西8.1级大地震、2008年四川汶川8级大地震。

地震,尤其是破坏性地震将给人民生命和财产带来巨大的损失。地震造成的破坏主要分为三种类型:第一是地基破坏,包括地基失效、地裂缝、砂土液化等;第二是建构筑物、生命线设施破坏,包括房屋和设备设施破坏等;第三为地震次生灾害破坏,包括地震造成的次生火灾、水灾、毒气泄漏与扩散、爆炸、放射性污染、海啸、山体滑坡、泥石流以及地震瘟疫等。

我国规范[97]规定卫生填埋场场址的选择应避开破坏性地震及活动构造区、活动中的坍塌、滑坡和隆起地带、活动中的断裂带等可能危及卫生填埋场安全的区域。然而,由于选址所考虑因素的复杂性,有时难以避开上述区域,这就给卫生填埋场的运行带来了安全隐患。美国1991年联邦法规[153]规定:位于地震区的新建和扩建的卫生填埋场设计时必须考虑地震荷载作用,对填埋场的地震稳定做出分析,确保整个系统能够承受地震产生的最大水平加速度。我国对卫生填埋场的设计还没有此方面的专门法规。参照我国《防灾减震法》规定:"重大建设工程和可能发生严重次生灾害的建设工程,必须进行地震安全性评价,并根据地震安全性评价结果,确定设防要求,进行抗震设防。"

针对卫生填埋场的地震研究,国内外学者已做了大量工作。陈云敏等(2006)[154]利用中型动三轴试验仪研究人工配制固体废弃物试样的动力特性及参数,研究表明:初始孔隙比的不同对试样的动力特性影响不大，填埋体材料剪切模量衰减和阻尼比曲线较好地呈现出中塑性黏土的特征。

邓学晶(2007)[155]利用振动台试验研究卫生填埋场的加速度响应，研究表明：加速度放大倍数受模型填埋场自振频率的影响，随卫生填埋场高度的增加，加速度放大系数增大；然而，随着输入地震波加速度峰值的增加，模型填埋场的顶部加速度放大倍数降低。

Choudhury 等(2010)[156,157]采用极限平衡方法对卫生填埋场的地震稳定性进行分析，研究表明，卫生填埋场的安全系数随着地震动加速度的增大而减小；在稳定性计算中，如果忽略地震波的放大效应，将高估填埋场的稳定性系数，不利于卫生填埋场的安全运行。

上述文献都是对卫生填埋场单点地震动作用下的稳定性进行分析，没有考虑地震波的时间、空间变化，这对于跨度较大的卫生填埋场显然是不合适的。采用多点地震动计算卫生填埋场的稳定性系数将更为真实地反映其稳定性。

2.3 卫生填埋场稳定性的时间特性

卫生填埋体不同于一般土体，填埋体中的可降解固相组分会通过生化反应而逐步降解，并产生填埋气(甲烷和二氧化碳为主)和渗滤液。这个在微观尺度上进行的生化降解过程相当复杂，涉及众多化合物的中间代谢过程[158]。填埋体性状因其组成物质的腐烂分解过程不断发生变化，因此，影响卫生填埋场稳定性的各因素(填埋体力学参数、衬垫接触面力学参数、几何外形参数、基质吸力、渗滤液、地震动参数)均随时间而变化，其变化性可以通过下式表示：

$$S_i(t) = \alpha_{si}(t) \cdot S_i(0) \tag{2.4}$$

式中：$S_i(t)$——时刻 t 参数 i 的取值；

$S_i(0)$——初始时($t=0$)参数 i 的取值；

$\alpha_{si}(t)$——参数 i 随时间衰减或增长因子；

i——影响卫生填埋场稳定性的参数(i 的取值范围为 1～6；1 = 填埋体力学参数、2 = 衬垫接触面力学参数、3 = 几何外形参数、4 = 基质吸力、5 = 渗滤液、6 = 地震动参数)。

因此，卫生填埋场的稳定性也不同于普通土质边坡，由于参数取值随时间变化，导致稳定性系数(Fs_t)表现为随时间而变化，Fs_t 的变化性可以通过下式表示：

$$Fs_t = f[S_1(t), S_2(t), \cdots, S_n(t)] \tag{2.5}$$

本书为便于分析，选取某一时刻 t 的参数进行计算。

2.4 卫生填埋场滑移形式分析

本书中滑移形式分析参考 Qian(2003)[101]建立的双滑块模型，且将填埋体视为均质材料[72,100,101,159]，不考虑卫生填埋场内部中间覆土对填埋体性质的影响。

2.4.1 卫生填埋场整体滑移失稳形式分析

如图 2.8 所示，卫生填埋场整体滑移失稳可能是由于填埋体与衬垫接触面抗剪强度无法承担斜坡上填埋体重力产生的下滑力而沿滑面Ⅰ发生滑移；也可能是由于底部衬垫系统内部界面抗剪强度无法承担斜坡上填埋体重力产生的下滑力而沿滑面Ⅱ发生滑移。

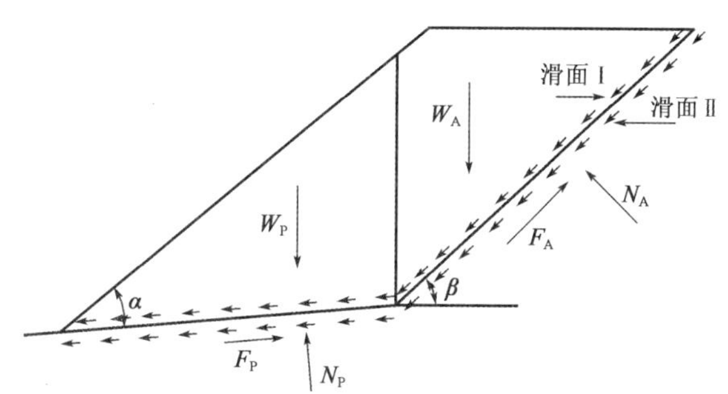

图 2.8 卫生填埋场整体滑移力学分析图

α-卫生填埋场前坡坡角；β-卫生填埋场后坡坡角；W_A-卫生填埋体主动楔体重力；W_P-卫生填埋体被动楔体重力；F_A-卫生填埋场背部边坡作用在主动楔体上的切向力；N_A-卫生填埋场背部边坡作用在主动楔体上的法向力；F_P-卫生填埋场底部作用在被动楔体上的切向力；N_P-卫生填埋场底部作用在被动楔体上的法向力

要保证卫生填埋场在运营中不发生整体滑移失稳，就必须增大填埋体与衬垫接触面抗剪强度和底部衬垫系统内部界面抗剪强度，或减小填埋体自身重力和地震荷载引起的下滑力。填埋体自身重力是其固有属性，而且对于相对固定的地区，一般保持在某一固定值，较少发生改变；而地震荷载更是人类无法改变的。因此决定卫生填埋场稳定性的是填埋体与衬垫接触面抗剪强度和底部衬垫系统内部界面抗剪强度。下面分别论述填埋体与衬垫接触面（滑面Ⅰ）抗剪强度，底部衬垫系统内部界面（滑面Ⅱ）抗剪强度。

对于滑面Ⅰ，卫生填埋体与背部和底部衬垫接触面摩擦力（图 2.8 中 F_A、F_P）的大小可由公式（2.6）得：

$$F = c \cdot L + N \cdot \tan\delta \tag{2.6}$$

式中：c——接触面摩擦力中有效黏聚力部分；

δ——与净法向应力状态变量 N 有关的外摩擦角；

N——破坏时在破坏面上的净法向应力状态。

由此可见，在卫生填埋场几何参数确定后，即 L 确定，影响其稳定性的就是 c、δ。然而，随着填埋体的降解，填埋体与衬垫接触面的抗剪强度发生改变，表现为 c_a、c_p 略微增大，δ_a、δ_p 显著降低[132]；在填埋体与衬垫接触面的摩擦力不足以抵抗填埋体的下滑力时，滑移失稳在所难免。

对于滑面Ⅱ，卫生填埋场背部、底部衬垫系统内部界面抗剪强度也可以由式（2.6）得出。根据外部剪应力与复合衬垫系统内部界面摩擦力的相对关系，复合衬垫系统接触面间摩擦力传递机理分为三种形式[160]，如表 2.2 所示。

复合衬垫系统接触面间摩擦力传递机理分类　　表 2.2

剪应力关系	剪应力传递情况	稳定性状态
所有界面峰值剪切强度均大于外部剪应力	复合衬垫系统内部界面能够完全传递外部剪应力	稳定
某层界面峰值剪切强度小于外部剪应力	该滑移界面的界面强度进入软化—残余阶段,传递下去的剪应力为该界面的残余强度	与该界面残余强度有关
多个界面峰值剪切强度小于外部剪应力	①峰值强度最小界面位于上部时,滑移只产生于峰值强度最小界面,传递下去的剪应力为该界面的残余强度; ②峰值强度最小界面之上还存在其他峰值强度较小界面时,剪应力传递受其他界面性质影响	与该界面残余强度和其他界面的性质有关

2.4.2　卫生填埋场局部滑移失稳形式分析

由于卫生填埋体组成的复杂性和非均质性,加之填埋过程中压实程度不够,填埋体处于松散状态,填埋体内部的抗剪强度并没有达到设计要求,因此,卫生填埋场更多情况下发生局部滑移失稳。例如,2000 年 Payatas 卫生填埋场的失稳就是部分填埋体发生滑移破坏[161],Blight(2008)[100]调研的 6 个卫生填埋场均发生局部滑移失稳。这一破坏形式会随着垃圾体降解(抗剪强度降低、重度增加)和渗滤液生成而加剧。

在卫生填埋场局部滑移失稳时,其主要因素是填埋体与滑体背坡接触面、底部衬垫接触面抗剪强度降低(如图 2.9 所示滑面)。其中填埋体与滑体背坡接触面的抗剪力可表示为:

$$F = c_{sw} \cdot L + N \cdot \tan\phi_{sw} \tag{2.7}$$

式中:c_{sw}——填埋体抗剪强度中有效黏聚力部分;

ϕ_{sw}——填埋体抗剪强度中与净法向应力状态变量 N 有关的内摩擦角;

N——破坏时在破坏面上的净法向应力状态。

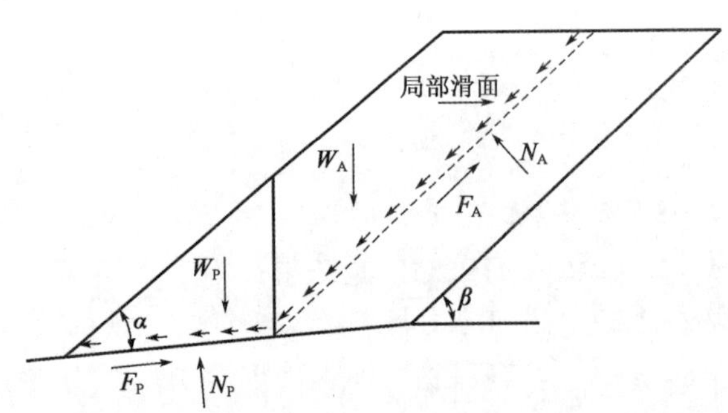

图 2.9　卫生填埋场局部滑移力学分析图

填埋体与底部衬垫接触面抗剪强度可参考式(2.6)。

由此可以看出,填埋体与滑体背坡接触面、底部衬垫接触面抗剪强度共同决定填埋场的局部稳定性。在填埋体的抗剪力不足或填埋体与底部衬垫接触面抗剪强度骤减时,局部滑移失稳发生。

2.5 本 章 小 结

本章通过大量的卫生填埋场失稳实例表明,滑移破坏是卫生填埋场的主要破坏形式。针对这一破坏形式,本章分析了影响卫生填埋场稳定性的填埋体力学参数(黏聚力、内摩擦角、重度)、衬垫接触面力学参数、填埋体几何外形参数、基质吸力、渗滤液分布、地震等多种因素,定性指出卫生填埋场稳定性的时间特性。在此基础上,本章对整体与局部滑移失稳形式进行分析,为卫生填埋场稳定性分析方法的建立提供理论基础。

第3章 多点地震动作用下卫生填埋场稳定性分析方法建立

3.1 引 言

作为一种严重的自然灾害,地震不断给人类造成巨大的人员财产损失。对结构进行抗震设计是减轻地震灾害的一种积极有效的方法。而合理的地震动输入是对结构进行抗震设计的基础。目前,卫生填埋场的地震稳定性分析均采用不考虑地震动空间变化的"一致激励"输入,它的主要优点在于形式简洁、概念清楚、应用方便;但是对于空间大跨度的卫生填埋场,采用多点地震动输入则是更合理的作用模式。

本章在建立考虑地震动的空间时间变化特性的人工合成多点地震动的基础上,针对卫生填埋场的滑移失稳问题,基于极限平衡法,建立了多点地震动作用下卫生填埋场稳定性分析方法[162],并对多点地震动的加载间距进行分析。

3.2 多点地震动的人工合成

研究多点地震动作用下卫生填埋场的稳定性,前提是输入符合实际的多点地震动。由于目前国内外实测的多点地震动记录较少,研究中大多采用人工合成在空间上既相关又随机的多点地震动的方法。国内外学者提出了一些合成多点地震动的方法,其中屈铁军等(1998)[163,164]以台湾 Smart-1 地震动台阵的记录为依据提出的多点地震动模拟方法运用较广泛,本书将基于该方法来模拟多点地震动。

3.2.1 功率谱矩阵的生成

人工合成多点地震动的前提是生成功率谱矩阵:

$$S(\mathrm{i}\,\varpi_k)=\begin{bmatrix} S_1(\varpi_k) & S_{12}(\mathrm{i}\,\varpi_k) & \cdots & S_{1n}(\mathrm{i}\,\varpi_k) \\ S_{21}(\mathrm{i}\,\varpi_k) & S_2(\varpi_k) & \cdots & S_{2n}(\mathrm{i}\,\varpi_k) \\ \cdots & \cdots & \ddots & \cdots \\ S_{n1}(\mathrm{i}\,\varpi_k) & S_{n2}(\mathrm{i}\,\varpi_k) & \cdots & S_n(\varpi_k) \end{bmatrix} \tag{3.1}$$

式(3.1)功率谱矩阵中的对角线元素为自功率谱,其他元素为互功率谱。式中的 $S(\mathrm{i}\,\varpi_k)$ 表示功率谱矩阵为复矩阵。

3.2.1.1 平稳自功率谱模型

王君杰(1992)[25]文中列出了三种平稳自功率谱模型。

①Kanai 模型:

$$S(\varpi)=\left(1+4\xi_g^2\frac{\varpi^2}{\varpi_g^2}\right)\Big/\left[\left(1-\frac{\varpi^2}{\varpi_g^2}\right)^2+4\xi_g^2\frac{\varpi^2}{\varpi_{g_t}^2}\right]S_0 \tag{3.2}$$

式中:ϖ_g——场地的基频;

ξ_g——场地的阻尼;

S_0——白噪声功率谱强度。

修正的 Kanai 模型,即胡聿贤模型:

$$S(\varpi)=\frac{\varpi^6}{\varpi^6+\varpi_c^6}\left\{\left(1+4\xi_g^2\frac{\varpi^2}{\varpi_g^2}\right)\Big/\left[\left(1-\frac{\varpi^2}{\varpi_g^2}\right)^2+4\xi_g^2\frac{\varpi^2}{\varpi_g^2}\right]\right\}S_0 \tag{3.3}$$

式中:ϖ_c——低频截止频率。

②Penzien 模型:

$$S(\varpi)=\left\{\left(1+4\xi_g^2\frac{\varpi^2}{\varpi_g^2}\right)\Big/\left[\left(1-\frac{\varpi^2}{\varpi_g^2}\right)^2+4\xi_g^2\frac{\varpi^2}{\varpi_g^2}\right]\right\}\left\{\frac{\varpi^4}{\varpi_f^4}\Big/\left[\left(1-\frac{\varpi^2}{\varpi_g^2}\right)^2+4\xi_g^2\frac{\varpi^2}{\varpi_g^2}\right]\right\}S_0 \tag{3.4}$$

自功率谱密度模型的统计参数见表 3.1。

自功率谱密度模型的统计参数 表 3.1

震次	方向	Kanai			胡聿贤				Penzien				
		ξ_g	ϖ_g	S_0	ζ_g	ϖ_g	ϖ_c	S_0	ζ_g	ϖ_g	ζ_f	ϖ_f	S_0
5	N	0.60	2.73	2.66	0.60	2.73	0.31	2.66	0.60	2.73	0.52	0.48	2.66
	E	0.45	3.48	1.45	0.45	3.48	0.39	1.45	0.45	3.48	0.61	0.43	1.45
	V	0.62	7.26	0.19	0.62	7.26	0.39	0.19	0.62	7.26	0.34	0.42	0.19
39	N	0.26	1.11	23.94	0.26	1.11	0.50	23.94	0.26	1.11	0.59	0.50	23.94
	E	0.36	1.39	21.25	0.36	1.39	0.30	21.25	0.36	1.39	0.59	0.46	21.25
	V	0.50	5.48	3.52	0.50	5.48	1.04	3.52	0.50	5.48	0.59	1.04	3.52
43	N	0.44	2.82	10.07	0.44	2.82	0.20	10.07	0.44	2.82	0.47	0.27	10.07
	E	0.79	1.43	12.42	0.79	1.43	0.46	12.42	0.79	1.43	0.45	0.66	12.42
	V	0.49	8.40	1.55	0.49	8.40	0.65	1.55	0.49	8.40	1.01	0.61	1.55
45	N	0.55	1.64	23.54	0.55	1.64	0.26	23.54	0.55	1.64	0.37	0.31	23.54
	E	0.64	1.35	23.12	0.64	1.35	0.21	23.12	0.64	1.35	0.46	0.26	23.12
	V	1.02	3.08	2.64	1.02	3.08	0.18	2.64	1.02	3.08	0.51	0.23	2.64

注:S_0 的单位是 $10^{-3}m^2/s^3$。

Kanai 谱模型有一个明显的缺点,它不能真实地模拟地震动特低频(在工程意义上)成分。在ϖ_c 频率下,模型值与真实值之间相去甚远。如果建筑物的基本自由振动频率远大于ϖ_c,以至于ϖ_c 以下频率成分的能量对建筑物地震反应的贡献可以忽略,则 Kanai 谱模型是真实地震动荷载的一个良好近似。但是有些建筑物的基本自由震动频率接近或小于(有些远小于)地震动的低频截止频率ϖ_c,对于这些建筑物如仍使用 Kanai 谱模型来表达地震荷载显然是不恰当的。

胡聿贤模型和 Penzien 模型均能较好地模拟真实地震动的特低频(在工程意义上)成分,而基本上不改变其高频部分。但胡聿贤模型和 Penzien 模型仍有细节上的差别,胡模型为单峰模型,其修正的结果只是简单地将 Kanai 谱模型中的特低频成分“截掉”,而 Penzien 模型在低频部分可以有一个小峰点。就一次地震而言,如果地震动在低频处确有一个明显的峰点,则 Penzien 模型的模拟结果比胡聿贤模型的模拟结果稍好一些。然而地震动功率谱密度是一个统计特征,场地的自功率谱密度是将符合某些条件(如场地类型、震级和震中距等)的所有强震观测资料(即认为它们是同一随机过程的不同样本函数)放在一起进行统计平均求得的。可以预计,胡聿贤模型和 Penzien 模型的总体统计结果间的差异将是微小的。但从另一方面,在模拟的精度基本相同的前提下,与 Penzien 模型相比胡聿贤模型有函数形式简单、统计参数少的明显优点。因此,本书采用胡聿贤模型作为地震动荷载自功率谱密度的表达方式。

3.2.1.2　平稳互功率谱模型

空间任意两点 i、j 的互功率谱为:

$$S_{ij}(i\varpi)=\sqrt{S_i(\varpi)S_j(\varpi)}\rho_{ij}(d_{ij},\varpi)e^{-i\varpi\frac{d_{ij}}{v_a(\varpi)}} \tag{3.5}$$

式中:$\rho_{ij}(d_{ij},\varpi)$——相干函数,是对两点同方向的地震动而言;

d_{ij}——连接两点的矢量在地震波入射方向上的投影,有正负之分;

$v_a(\varpi)$——视波速。

波速 $v_a(\varpi)$ 重要而又难于确定。文献[165]研究表明,$v_a(\varpi)$ 随频率 ϖ 的离散程度较大,在实际应用中一般简化为一固定值[25]。

相干函数 $\rho_{ij}(d_{ij},\varpi)$,从工程应用的角度考虑,近似地认为相干函数与方位无关是可以接受的。至于同一点水平方向和竖直方向的相关性,水平与竖直分量的相关性总是小于两水平分量之间的相关性。测量数据表明,水平与竖直分量的相干函数值,低频部分在 0.5 左右,高频部分略小于 0.3[25]。至于两点不同方向的相关函数值,可假设为两点同向的相关函数值乘以同一点水平与竖直分量的相关函数值。本书采用 Feng and Hu 模型[166]表示相关函数,即 $\rho_{ij}(d_{ij},\varpi)=e^{-(\rho_1\varpi+\rho_2)|d_{ij}|}$。

3.2.2　平稳多点地震动的合成

当要生成 n 个点的地震动时程时,其每个点的地震动时程都考虑了与其他 $n-1$ 个点地震动的空间相关性[164],该方法的合成公式为:

$$\begin{cases}u_1(t)=\sum_{m=1}^{n}\sum_{k=0}^{N-1}\alpha_{1m}(\varpi_k)\cos[\varpi_k t+\theta_{1m}(\varpi_k)+\varphi_{mk}]\\u_2(t)=\sum_{m=1}^{n}\sum_{k=0}^{N-1}\alpha_{2m}(\varpi_k)\cos[\varpi_k t+\theta_{2m}(\varpi_k)+\varphi_{mk}]\\\cdots\\u_n(t)=\sum_{m=1}^{n}\sum_{k=0}^{N-1}\alpha_{nm}(\varpi_k)\cos[\varpi_k t+\theta_{nm}(\varpi_k)+\varphi_{mk}]\end{cases} \tag{3.6}$$

式中:$\alpha_{nm}(\varpi_k)$、$\theta_{nm}(\varpi_k)$——分别是考虑第 n 个点与第 m 个点相关性的第 k 个频率成分的幅

值与相位角,可以根据式(3.1)分解得到,它们都是确定性的量,取值满足第 n 个点与第 m 个点的相关性和相位特性;

φ_{mk}——随机相位角,它在$(0,2\pi)$区间上均匀分布,且当 $m\neq r$ 或$k\neq s$时,φ_{mk}和 φ_{rs}相互独立。

3.2.3 非平稳多点地震动的合成

分析结构反应输入由式(3.6)合成的多点地震动是不适宜的,因为实际的地震动在刚发生和结束时强度为零,因此需合成非平稳的多点、多向地震动,只需将式(3.6)各条地震动乘以各自的包络曲线。

$$\begin{cases} u_1(t)=f_1(t)\sum\limits_{m=1}^{n}\sum\limits_{k=0}^{N-1}\alpha_{1m}(\overline{\omega}_k)\cos[\overline{\omega}_k t+\theta_{1m}(\overline{\omega}_k)+\varphi_{mk}] \\ u_2(t)=f_2(t)\sum\limits_{m=1}^{n}\sum\limits_{k=0}^{N-1}\alpha_{2m}(\overline{\omega}_k)\cos[\overline{\omega}_k t+\theta_{2m}(\overline{\omega}_k)+\varphi_{mk}] \\ \cdots \\ u_n(t)=f_n(t)\sum\limits_{m=1}^{n}\sum\limits_{k=0}^{N-1}\alpha_{nm}(\overline{\omega}_k)\cos[\overline{\omega}_k t+\theta_{nm}(\overline{\omega}_k)+\varphi_{mk}] \end{cases} \tag{3.7}$$

包络曲线一般采用下式:

$$f(t)=\begin{cases} (t/t_1)^2, & (t<t_1) \\ 1, & (t_1<t<t_2) \\ e^{-c(t-t_2)}, & (t>t_2) \end{cases} \tag{3.8}$$

式中:t_1——地震动平稳段开始的时间;

t_2——地震动平稳段结束的时间;

c——地震动衰减系数。

3.3 多点地震动荷载的确定

3.3.1 多点地震动荷载的计算

先前的卫生填埋场稳定性分析方法在考虑地震动作用时仅仅是在填埋体重心处施加一个朝向边坡外(不利于边坡稳定方向)的一个水平地震惯性力 Q_i,Q_i 的大小为地震系数乘以土条重量,这样仅仅是把地震动(这里指地震动加速度)作为一个大小与方向随空间、时间不变的常量加以考虑,并且对整个填埋体施加的地震动加速度也一样。而实际地震动的大小与方向都是随着时间不断变化,并且在空间上各个点也是不同的。为了克服先前卫生填埋场稳定性分析方法对地震荷载处理的缺陷,本研究通过对卫生填埋场施加上节人工合成的多点地震动加速度来对边坡在多点地震动作用下的稳定性进行分析。

图3.1所示卫生填埋场划分为 n 个条块,假定地震动由滑裂面下端 A 点入射,考虑地震动的多点、多向特性,地震动传至各个填埋体条块处的大小、方向不同,如图中第 i 个条块的水平

向与竖向地震动加速度 a_{H_i}、a_{V_i} 与第 j 个条块的大小不同、方向相反。本书规定水平方向地震动加速度以指向滑动方向为正、反之为负，竖向地震动加速度数值向下为正、向上为负。

对于图 3.1 所示的多点、多向地震动作用下卫生填埋场中第 i 个条块受力如图 3.2，其中 Q_{H_i} 与 Q_{V_i} 为该填埋体条块所受到的水平方向与竖直方向的地震荷载，分别为：

$$Q_{H_i} = k_{H_i}(t)W_i \tag{3.9}$$

$$Q_{V_i} = k_{V_i}(t)W_i \tag{3.10}$$

式中：$k_{H_i}(t)$、$k_{V_i}(t)$——分别定义为水平方向与竖直方向地震动力系数

$$k_{H_i}(t) = \zeta\alpha_i a_{H_i}(t)/g \tag{3.11}$$

$$k_{V_i}(t) = \zeta\alpha_i a_{V_i}(t)/g \tag{3.12}$$

$a_{H_i}(t)$ 为第 i 个条块位置人工合成地震动水平方向加速度在 t 时刻的值，$a_{V_i}(t)$ 为第 i 个条块位置人工合成地震动竖直方向加速度在 t 时刻的值，可以由上节所介绍的多点、多向地震动合成方法所得。

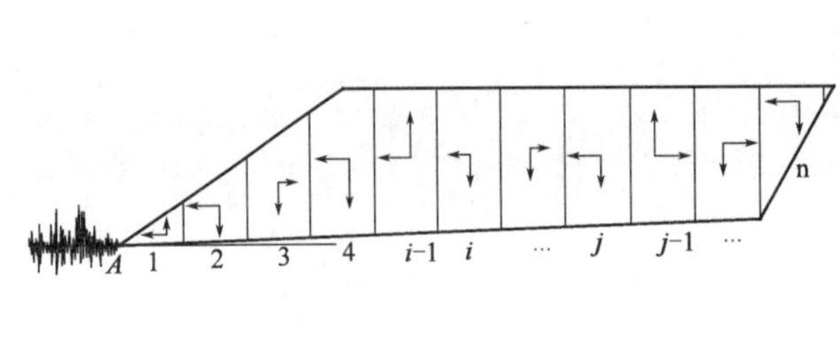

图 3.1 多点地震动分布示意图

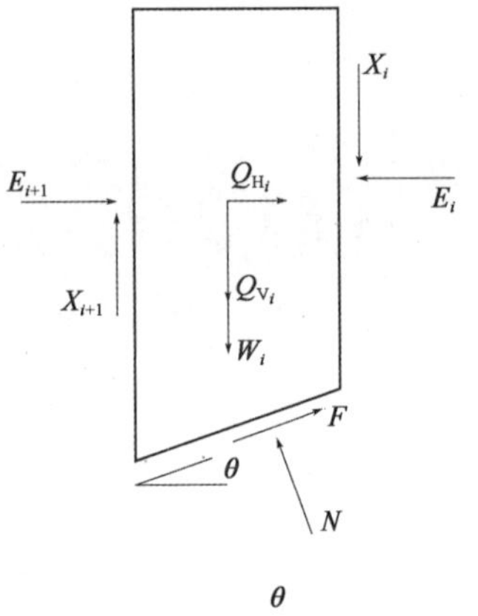

图 3.2 卫生填埋体条块多点地震动分布示意图

3.3.2 多点地震动荷载的参数取值

3.3.2.1 地震作用效应折减系数 ζ 的取值

在强烈地震地面运动作用下，容许结构和非容许结构构件可以发生局部的损伤破坏，但结构整体不发生倒塌，因此建筑抗震设计的地震作用可以比抵抗地震需求的弹性地震作用小。现代建筑抗震设计规范中广泛采用确定量值的地震作用折减系数，把弹性抗震承载力需求调整到弹塑性水准。近年来，以随延性等级和周期变化而变化的地震作用折减系数在澳洲、中国台湾地区等设计规范中开始采用[167]。尽管地震作用折减系数在世界各国规范中所表述的功能相同或相似，但地震作用折减系数的取值关系到技术指标问题、经济政策等问题，因此，不同国家规范采用的量值不同[168]。

由于针对卫生填埋场的地震折减系数研究较少，本书参考钢筋混凝土结构构件的抗震设计规范[169]的要求。当采用动力法计算地震作用效应时，应取地震作用的效应折减系数为0.35；当采用拟静力法计算地震作用效应时，仍按在地震惯性力中计入地震作用的效应折减系数0.25的规定。

3.3.2.2 动态分布系数 α_i 的取值

关于边坡地震动力响应规律，国内外学者已经在实地监测中取得了一些宝贵成果。1971年美国Davis[170]等在San Femando地震的余震测量中，发现山顶的地震动加速度比山脚成倍增加。根据卡格尔山山上和山脚两点的强余震速度观测记录发现山顶上地震动持续时间显著增长，放大效应显著，且位移、速度、加速度三量的放大效应不同。王存玉等(1987)[171]的振动模型实验表明：边坡顶部对振动的反应幅值较之边坡底部存在明显的放大现象(垂直向放大)，边坡的边缘部位对振动的反应幅值较之内部(处于同一高度上的两点比较)也存在放大现象(水平向放大)。目前，边坡地震响应的监测资料很少，还需论证研究和积累经验，这也是造成SL 386—2007规范中无法确定边坡动态放大系数的主要原因。

目前由不同行业规范给出的地震系数经验值在实际工程中得到普遍应用，其中以坝坡积累的工程经验最多，一些学者采用数值方法对边坡的动力响应规律进行了研究。

祁生文(2007)[172]采用FLAC 3D软件对边坡动力响应规律进行大量动力数值分析研究，发现了边坡动力响应的位移、速度、加速度三量放大系数等值线在边坡剖面上沿高程分布的节律性特点。对于一定的岩土体材料，当边坡高度在一定范围内时，边坡动力响应的位移、速度、加速度三量在铅直方向会出现放大作用，而当边坡高度超过这个范围时，边坡动力响应的三量分布会出现铅直方向的节律性特点。边坡边缘部位对振动的反应幅值较之内部存在放大现象，随着水平深度的进一步增加，位移、速度、加速度三量在水平方向也出现节律性的变化。边坡坡度的变化对位移、速度、加速度放大系数等值线图的分布形式有明显影响，坡度决定了三量分布的等值线方向和极值区的走向。

《水工建筑物抗震设计规范》(DL 5073—2000)结合大量的工程实践经验给出了具体的动态分布系数取值标准：对于坝高 $H \leqslant 40$m，动态放大系数取梯形分布，坝顶的动态放大系数等于 $\beta(T)_{max}$；当坝高 $H>40$m 时，在 $0 \sim 0.6H$ 坝高处，动态放大系数 $\beta(T)=1+[\beta(T)_{max}-1]/3$；$(0.6 \sim 1.0)H$ 坝高处取梯形分布，$\beta(T)_{max}$ 取 2.0 ~ 3.0。

参考各行业规范的结构抗震规范，动态放大系数最大值的取值区间为1.0 ~ 3.67，且没有统一的认识[173]。由于卫生填埋场的填埋体动响应特征与岩土体边坡及混凝土不同，因此，动态系数如何选取就成了关系卫生填埋场稳定性的问题。本书参考现有工程结构的放大系数，选取2.0、2.5、3.0三个值进行动态分布系数的分析。

3.4 多点地震动作用下卫生填埋场稳定性计算模型的建立

3.4.1 多点地震动作用下卫生填埋场计算模型

本书采用楔形体分析法计算安全系数，基于Qian等(2003)[101]改进的卫生填埋场的计算简图如图3.3所示[162]。整个填埋体被分为两部分：位于背部边坡上引起滑动破坏的主动楔体、在底部衬垫上阻碍填埋场滑动的被动楔体。

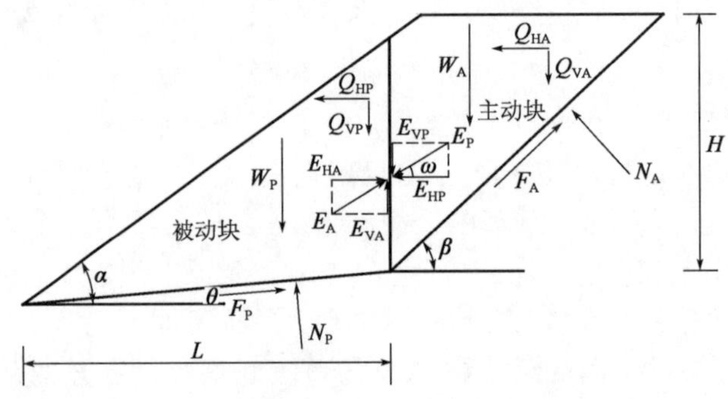

图3.3　多点地震作用的卫生填埋体受力示意图

在图3.3的计算模型中，设x为水平方向，y为竖直方向，W_A、W_P分别为主动楔体、被动楔体的重力；N_A和F_A分别为背部边坡作用在主动楔体上的法向力和切向力；E_{HA}和E_{VA}分别为被动楔体作用在主动楔体上的法向力和切向力，E_A为E_{HA}和E_{VA}的合力；E_{HP}和E_{VP}分别为主动楔体作用在被动楔体上的法向力和切向力，E_P为E_{HP}和E_{VP}的合力；N_P和F_P分别为填埋场底部作用在被动楔体上的法向力和切向力；Q_{HA}、Q_{VA}分别为主动楔体上的水平地震力和竖直地震力；Q_{HP}、Q_{VP}分别为被动楔体上的水平地震力和竖直地震力；H为填埋场后坡的高度，L为填埋场底部的水平距离，α为填埋场前坡坡角，β为填埋场后坡坡角，θ为填埋场底部与水平面之间的夹角。

3.4.2　多点地震动作用下卫生填埋场计算基本假设

在本书提出的方法中，主、被动楔体之间的作用力假设与主、被动楔体界面的法线方向成角度ω，力的作用点是在距离界面底部$H/3$处[101]。虽然主、被动楔体之间的作用力对于某个给定的卫生填埋场是唯一的，但由于其方向是未知的，这里将其分为两部分：一部分垂直于主、被动楔体之间的界面；另一部分平行于主、被动楔体之间的界面。为了在主、被动楔体之间的界面上满足填埋体的剪切破坏准则，这个界面上的平均剪应力应该小于卫生填埋体的平均剪切强度。这表明主、被动楔体之间界面安全系数FS，即FS_V，肯定不能小于1；考虑整个填埋场的平衡，主、被动楔体之间界面安全系数FS_V也不能小于整个填埋场的安全系数，填埋场的安全系数在破坏面上所有点都是相同的。

地震力荷载Q_{HA}、Q_{VA}、Q_{HP}、Q_{VP}采用本书3.3小节建立的方法计算。

3.4.3　多点地震动作用下卫生填埋场力的平衡

被动楔体在y方向上满足力的平衡条件，可得：

$$W_P + E_{VP} + Q_{VP} = N_P \cdot \cos\theta + F_P \cdot \sin\theta \tag{3.13}$$

$$F_P = C_P/FS_P + N_P \cdot \tan\delta_p/FS_P \tag{3.14}$$

$$E_{VP} = C_{SW}/FS_V + E_{HP} \cdot \tan\phi_{SW}/FS_V \tag{3.15}$$

这里假设：

$$m_{sw} = \tan\phi_{SW}/FS_V \tag{3.16}$$

$$n_{sw} = C_{SW}/FS_V \tag{3.17}$$

将式(3.16)、式(3.17)代入式(3.15)得：

$$E_{VP} = n_{sw} + E_{HP} \cdot m_{sw} \tag{3.18}$$

将式(3.14)、式(3.18)代入式(3.13)得：

$$W_P + Q_{VP} + n_{sw} + E_{HP} \cdot m_{sw} = N_P \cdot \cos\theta + C_P \cdot \sin\theta/FS_P + N_P \cdot \sin\theta \cdot \tan\delta_p/FS_P \tag{3.19}$$

被动楔体在 x 方向上满足力的平衡条件，可得：

$$F_P \cdot \cos\theta = E_{HP} + Q_{HP} + N_P \cdot \sin\theta \tag{3.20}$$

将式(3.14)代入式(3.20)得：

$$N_P = (E_{HP} + Q_{HP} - C_P \cdot \cos\theta/FS_P)/(\cos\theta \cdot \tan\delta_P/FS_P - \sin\theta) \tag{3.21}$$

将式(3.21)代入式(3.19)得：

$$E_{HP} = [(W_P + Q_{VP} + n_{sw}) \cdot (\cos\theta \cdot \tan\delta_P/FS_P - \sin\theta) - Q_{HP} \cdot \cos\theta - Q_{HP} \cdot \sin\theta \cdot \tan\delta_P/FS_P + C_P/FS_P]/ (\cos\theta + \sin\theta \cdot \tan\delta_P/FS_P - m_{sw} \cdot \cos\theta \cdot \tan\delta_P/FS_P + \sin\theta \cdot m_{sw}) \tag{3.22}$$

主动楔体在 y 方向上满足力的平衡条件，可得：

$$W_A + Q_{VA} = F_A \cdot \sin\beta + N_A \cdot \cos\beta + E_{VA} \tag{3.23}$$

$$F_A = C_A/FS_A + N_A \cdot \tan\delta_a/FS_A \tag{3.24}$$

$$E_{VA} = C_{SW}/FS_V + E_{HA} \cdot \tan\phi_{SW}/FS_V \tag{3.25}$$

将式(3.16)、式(3.17)代入式(3.25)得：

$$E_{VA} = n_{sw} + E_{HA} \cdot m_{sw} \tag{3.26}$$

将式(3.24)、式(3.26)代入式(3.23)得：

$$N_A \cdot (\cos\beta + \sin\beta \cdot \tan\delta_a/FS_A) = W_A + Q_{VA} - n_{sw} - E_{HA} \cdot m_{sw} - C_A \cdot \sin\beta/FS_A \tag{3.27}$$

主动楔体在 x 方向上满足力的平衡条件，可得：

$$F_A \cdot \cos\beta + E_{HA} = N_A \cdot \sin\beta + Q_{HA} \tag{3.28}$$

将式(3.24)代入式(3.28)得：

$$N_A = (C_A \cdot \cos\beta/FS_A + E_{HA} - Q_{HA})/(\sin\beta - \tan\delta_a \cdot \cos\beta/FS_A) \tag{3.29}$$

将式(3.29)代入式(3.27)得：

$$E_{HA} = [(W_A + Q_{VA} - n_{sw}) \cdot (\sin\beta - \cos\beta \cdot \tan\delta_a/FS_A) - C_A/FS_A + Q_{HA} \cdot \cos\beta + Q_{HA} \cdot \sin\beta \cdot \tan\delta_a/FS_A]/ (\cos\beta + \sin\beta \cdot \tan\delta_a/FS_A + m_{sw} \cdot \sin\beta - m_{sw} \cdot \cos\beta \cdot \tan\delta_a/FS_A) \tag{3.30}$$

因为 $E_{HA} = E_{HP}$，$FS_A = FS_P = FS$，所以，卫生填埋场的最大安全系数 FS_{max}、最小安全系数 FS_{min} 均可以计算。

卫生填埋场形体参数计算：

①$(H + L \cdot \tan\theta)/\tan\alpha \leqslant L$ 时，

$$C_{SW}=c_{sw}\cdot H \tag{3.31}$$

$$C_A=c_a\cdot H/\sin\beta \tag{3.32}$$

$$C_P=c_p\cdot L/\cos\theta \tag{3.33}$$

$$W_A=0.5\cdot\rho_{sw}\cdot g\cdot H^2/\tan\beta \tag{3.34}$$

$$W_P=0.5\cdot\rho_{sw}\cdot g\cdot[L-(H+L\cdot\tan\theta)/\tan\alpha+L]\cdot(H+L\cdot\tan\theta)-0.5\cdot\rho_{sw}\cdot g\cdot L^2\cdot\tan\theta \tag{3.35}$$

②$(H+L\cdot\tan\theta)/\tan\alpha>L$ 时，

$$C_{SW}=c_{sw}\cdot L\cdot(\tan\alpha-\tan\theta) \tag{3.36}$$

$$C_A=c_a\cdot H/\sin\beta \tag{3.37}$$

$$C_P=c_p\cdot L/\cos\theta \tag{3.38}$$

$$W_A=0.5\cdot\rho_{sw}\cdot g\cdot[H^2/\tan\beta-(H+L\cdot\tan\theta-L\cdot\tan\theta)^2/\tan\alpha] \tag{3.39}$$

$$W_P=0.5\cdot\rho_{sw}\cdot g\cdot L^2\cdot(\tan\alpha-\tan\theta) \tag{3.40}$$

3.4.4 多点地震动作用下卫生填埋场安全系数的确定

基于前文的假设，经可以分析得，当 $FS\geqslant 1$，取 $FS_V=FS$；当 $FS<1$，取 $FS_V=1$，可以计算卫生填埋场的最大安全系数 FS_{max}。当取 $FS_V=\infty$，即没有考虑卫生填埋体剪切强度的影响，可以计算卫生填埋场的最小安全系数 FS_{min}。

FS_{max}可以通过下式计算：

$$[(W_P+Q_{VP}+C_{SW}/FS)\cdot(\cos\theta\cdot\tan\delta_P/FS-\sin\theta)-Q_{HP}\cdot\cos\theta-Q_{HP}\cdot\sin\theta\cdot\tan\delta_P/FS+C_P/FS]/(\cos\theta+\sin\theta\cdot\tan\delta_P/FS-\tan\phi_{SW}\cdot\cos\theta\cdot\tan\delta_P/FS^2+\sin\theta\cdot\tan\phi_{SW}/FS)$$
$$=[(W_A+Q_{VA}-C_{SW}/FS)\cdot(\sin\beta-\cos\beta\cdot\tan\delta_a/FS)-C_A/FS+Q_{HA}\cdot\cos\beta+Q_{HA}\cdot\sin\beta\cdot\tan\delta_a/FS]/(\cos\beta+\sin\beta\cdot\tan\delta_a/FS+\tan\phi_{SW}\cdot\sin\beta/FS-\tan\phi_{SW}\cdot\cos\beta\cdot\tan\delta_a/FS^2) \tag{3.41}$$

FS_{min}可以通过下式计算：

$$[(W_P+Q_{VP})\cdot(\cos\theta\cdot\tan\delta_P/FS-\sin\theta)-Q_{HP}\cdot\cos\theta-Q_{HP}\cdot\sin\theta\cdot\tan\delta_P/FS+C_P/FS]/(\cos\theta+\sin\theta\cdot\tan\delta_P/FS)$$
$$=[(W_A+Q_{VA})\cdot(\sin\beta-\cos\beta\cdot\tan\delta_a/FS)-C_A/FS+Q_{HA}\cdot\cos\beta+Q_{HA}\cdot\sin\beta\cdot\tan\delta_a/FS]/(\cos\beta+\sin\beta\cdot\tan\delta_a/FS) \tag{3.42}$$

然而，根据前文假设，真实的 m_{sw}（或者 FS_V）并不能确定，所以真实的 FS_{true}并不能通过式(3.41)、式(3.42)求解得到，本书采用 FS_{min} 和 FS_{max} 的平均值 FS_{ave}来代替卫生填埋场真实的安全系数。下面分析 FS_{true}和 FS_{ave}之间的误差[101]。

平均安全系数 FS_{ave}为：

$$FS_{ave}=(FS_{max}+FS_{min})/2 \tag{3.43}$$

真实的安全系数 FS_{true}和平均安全系数 FS_{ave}之间的误差为 $|FS_{true}-FS_{ave}|$，FS_{true}和 FS_{ave}之

间的相对误差为$|FS_{true}-FS_{ave}|/FS_{true}$。如果$FS_{true}<FS_{ave}$，那么$FS_{true}$处在$FS_{ave}$和$FS_{min}$之间。由于$FS_{min}<FS_{true}$，那么$FS_{ave}-FS_{true}<FS_{ave}-FS_{min}$，可得：

$$(FS_{ave}-FS_{true})/FS_{true}<(FS_{ave}-FS_{min})/FS_{min} \tag{3.44}$$

如果$FS_{true}>FS_{ave}$，那么FS_{true}处在FS_{ave}和FS_{max}之间。由于$FS_{true}<FS_{max}$，$FS_{ave}<FS_{true}$，那么$FS_{true}-FS_{ave}<FS_{max}-FS_{ave}$，可得：

$$(FS_{true}-FS_{ave})/FS_{true}<(FS_{max}-FS_{ave})/FS_{ave} \tag{3.45}$$

由于$FS_{max}-FS_{ave}=FS_{ave}-FS_{min}$，那么$|FS_{true}-FS_{ave}|<FS_{ave}-FS_{min}$，或者$|FS_{true}-FS_{ave}|<FS_{max}-FS_{ave}$。由于$(FS_{max}-FS_{ave})/FS_{ave}<(FS_{ave}-FS_{min})/FS_{min}$，可得：

$$|FS_{true}-FS_{ave}|/FS_{true}<(FS_{ave}-FS_{min})/FS_{min} \tag{3.46}$$

因此，如果利用平均值FS_{ave}来代替真实值FS_{true}，那么误差的上限值为$(FS_{ave}-FS_{min})$或者$(FS_{max}-FS_{ave})$，FS_{ave}和FS_{true}相对误差的上限值为$(FS_{ave}-FS_{min})/FS_{min}$。

由于合成的多点地震动曲线中，每个时间点加速度数值均不相同，则相应的计算出的FS_{ave}也不同（如图3.4所示）。如何选取安全系数数值，对卫生填埋场的稳定性分析至关重要。本书从安全角度出发，选取与多点地震动时程曲线对应的安全系数时程曲线中的最小值作为卫生填埋场安全性分析的依据。

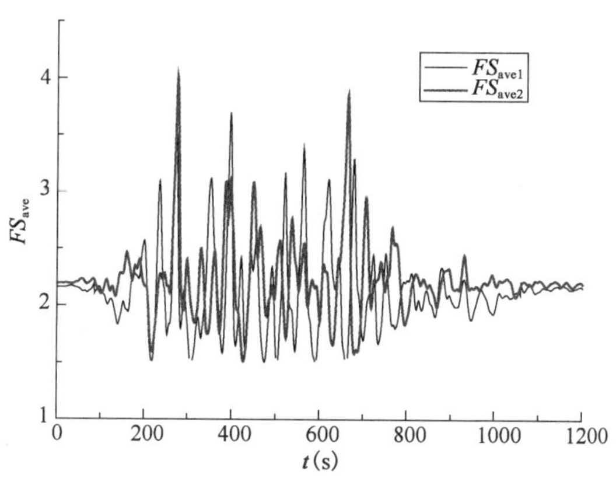

图3.4 FS_{ave1}、FS_{ave2}与时间的曲线

同时，由于多点地震动的人工合成中存在程序自动生成的随机相位角φ_{mk}，由于它的随机生成性，在编程运行中会导致两次计算结果不一致（如图3.4所示，$FS_{ave1}\neq FS_{ave2}$）。本书多次计算并从中选取安全系数的最小值作为卫生填埋场稳定性评价的依据。

3.5 多点地震动作用下卫生填埋场稳定性计算程序

根据前面提出的多点地震动作用下卫生填埋场稳定性分析方法，利用Matlab 8.0编制了考虑多点地震动作用下卫生填埋场稳定性分析程序。程序由多点地震动合成、数据信息输入、几何划分、安全系数计算和结果输出模块组成。整体思路是首先根据要分析的卫生填埋场的几何信息和填埋体力学特性确定滑面及几何划分，然后根据几何划分生成多点地震加速度，在此基础上采用上述建立的分析方法计算时程内的安全系数。程序流程如图3.5所示。

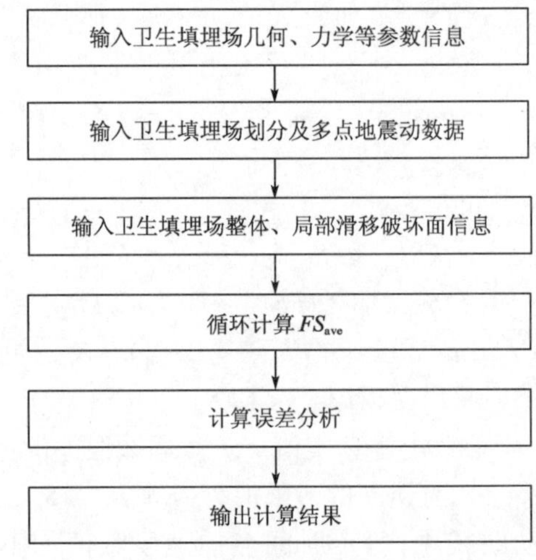

图 3.5 卫生填埋场多点地震动稳定性程序计算流程图

3.6 算例分析

为了验证编制的卫生填埋场多点地震稳定性分析程序的可靠性，本小节通过一算例分析了卫生填埋场滑移稳定性。

3.6.1 计算模型的建立

算例计算参数取值见表 3.2。由于多点地震动的人工合成中已经考虑了加载距离因素，本书为计算方便，每 20m 选取一个地震动作用加载点。

算例计算参数取值表 表 3.2

c_{sw}	ϕ_{SW}	α	β	θ	L	H	c_a	c_p	δ_a	δ_p	ρ_{sw}	g	α_i	ζ
3.0	30°	33.7°	60°	2°	200	40	3.0	3.0	15°	15°	1.04×10^3	9.8	2.5	0.25

注：c_{sw}、c_a、c_p 单位为 kN/m^2；ρ_{sw}单位为 kg/m^3

根据前章分析，卫生填埋场整体滑移失稳时，有Ⅰ、Ⅱ两种滑面（在衬垫之上或之下）。在计算整体滑移稳定性时，本书借鉴 Qian[101] 的研究方法，选取两者抗剪强度参数的较小者用于稳定性计算。

对于局部滑移失稳的滑面，本书以卫生填埋场坡顶为起点，每间隔 20m 作为一个潜在的滑移面计算（如图 3.6 所示）。冯世进（2005）[21] 针对填埋体的大型三轴试验表明，剪切面的角度大致与土的相似；本书参考 Brand（1982）[174] 对剪切破坏面的研究，选取（$45°+\phi_{SW}/2$）为局部滑移失稳的背坡滑移面角度。

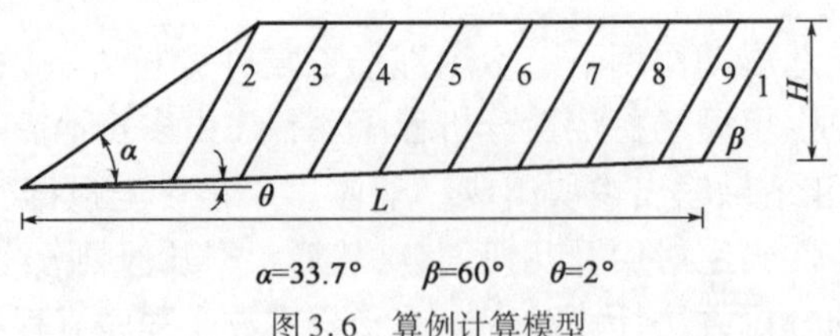

图 3.6 算例计算模型

3.6.2　安全系数真实值误差分析

图3.7为滑移面1在不同地震动加速度峰值(0.05g、0.1g、0.2g、0.4g)作用下，FS_{ave}、FS_{max}、FS_{min}的时程曲线。利用公式$(FS_{ave}-FS_{min})/FS_{min}$计算平均值$FS_{ave}$来代替真实值$FS_{true}$的误差。计算结果表明误差大多在3%～5%，采用平均值FS_{ave}来代替真实值FS_{true}的方法是可靠的。

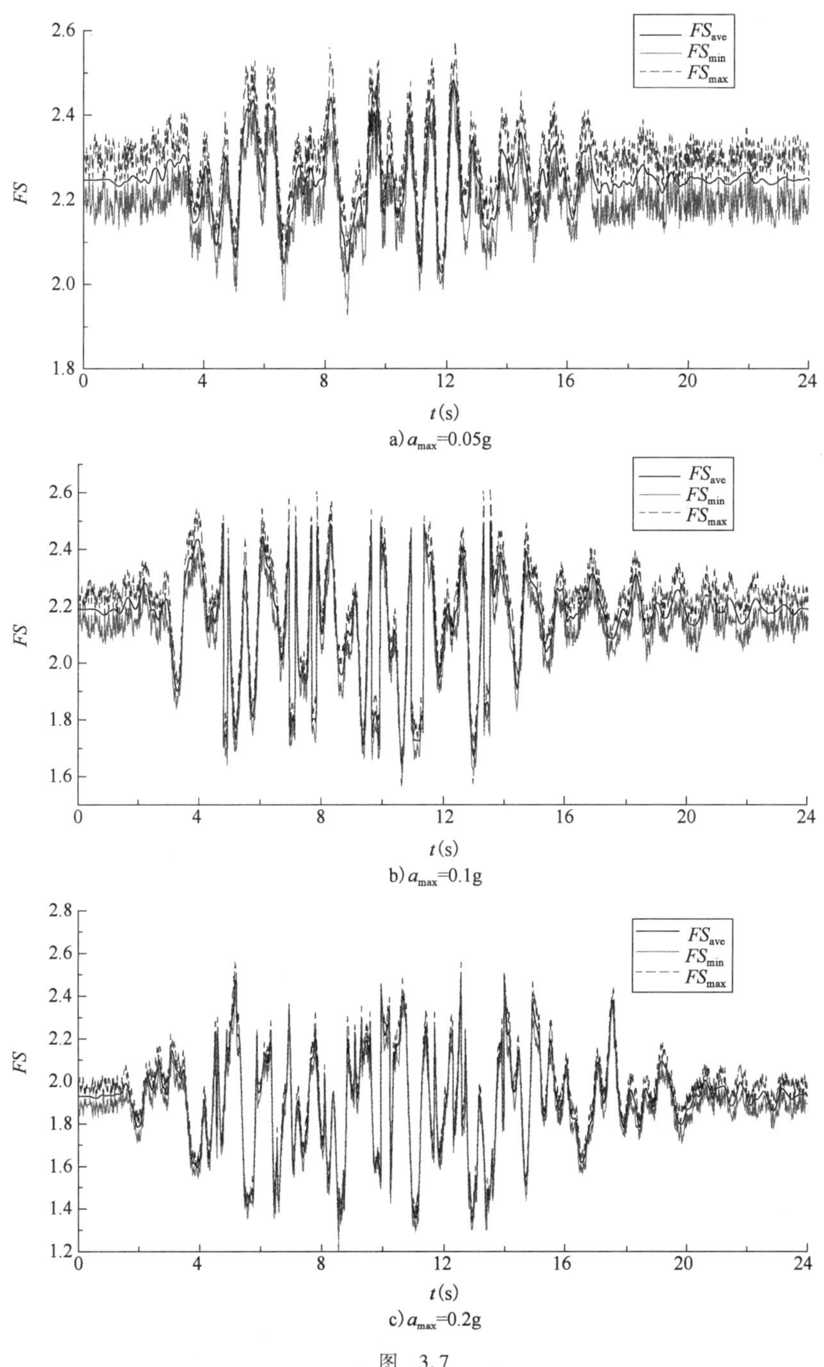

a) a_{max}=0.05g

b) a_{max}=0.1g

c) a_{max}=0.2g

图　3.7

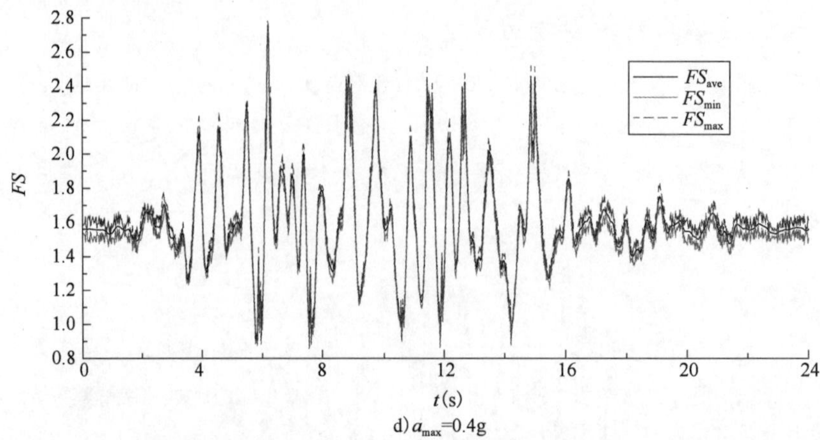

d) a_{max}=0.4g

图 3.7　不同地震动加速度峰值作用下 FS_{ave}、FS_{max}、FS_{min} 的时程曲线(滑面 1)(续)

3.6.3　计算次数的确定

如图 3.4 所示,两次计算 $FS_{ave1} \neq FS_{ave2}$,本书选取经多次计算的安全系数最小值作为卫生填埋场稳定性评价的依据。随之而来,计算次数(样本容量)的确定问题成为抽样调查理论和实践中普遍关注的一个问题。计算次数(样本容量)过小,则估计量方差过大,统计推断的可信度降低,或者在进行假设检验时,犯第二类错误的概率变大;而计算次数(样本容量)过大,会浪费人财物力,且调查周期延长,从而丧失抽样调查相对于全面调查的优点。所以,如何寻找一个合适的样本量,既能使样本充分地代表总体,又能保证抽样调查耗时少、费用低的优点,成为抽样理论和实践都必须面对和回答的课题[175]。

从统计学角度看,影响样本容量的因素主要包括[176]:

(1)被调查对象的差异程度,即总体方差。总体方差越大,样本量也越多。

(2)允许误差数值的大小(又称极限误差 Δ)。允许误差同样本量成反比,允许误差越小,样本量越多;反之,允许误差越大,样本量越小。

(3)调查结果的可靠程度,即概率度 t 值的大小。可靠程度要求高,样本量应当多些;反之,可以少些。

对简单随机样本,通常我们希望控制总体均值或总值估计值的相对误差 r,即对于样本均值 $\bar{y}$,我们要求:

$$P\left\{\left|\frac{\bar{y}-\bar{Y}}{\bar{Y}}\right|<r\right\}=P\left\{\left|\frac{N\bar{y}-Y}{Y}\right|<r\right\}=1-\alpha \tag{3.47}$$

当 n 相当大时,$\bar{y}$ 近似服从正态分布 N($\bar{Y}$, $V(\bar{y})$),其中:

$$V(\bar{y})=(1-f)\frac{S^2}{n} \tag{3.48}$$

由于

$$1-\alpha=P\left\{\left|\frac{\bar{y}-\bar{Y}}{\bar{Y}}\right|<r\right\}=P\left\{\left|\frac{\bar{y}-\bar{Y}}{\alpha_{\bar{y}}}\right|<\frac{r\bar{Y}}{\alpha_{\bar{y}}}\right\} \tag{3.49}$$

所以

$$\frac{r\bar{Y}}{\alpha_{\bar{y}}} = u_{\alpha/2} \tag{3.50}$$

其中 $U_{\alpha/2}$ 为标准正态分布 N(0,1)的上侧 $\alpha/2$ 分位数。

可得：

$$\left(\frac{r\bar{Y}}{u_{\alpha/2}}\right)^2 = V(\bar{y}) = \frac{N-n}{N}\frac{S^2}{n} = \left(\frac{1}{n}-\frac{1}{N}\right)S^2 \tag{3.51}$$

解出 n：

$$n = \left(\frac{u_{\alpha/2}S}{r\bar{Y}}\right)^2 \Big/ \left[1+\frac{1}{N}\left(\frac{u_{\alpha/2}S}{r\bar{Y}}\right)^2\right] \tag{3.52}$$

样本量 n 的大小取决于总体的一个标志，就是总体的变异系数 $S/\bar{Y}$，它常常比 S 更稳定，便于事先估计。在实际工作中，可先进行少量抽样，预先估计出 $S/\bar{Y}$，代入上式即可粗略估计样本量 n。

一般，我们取

$$n_0 = \left(\frac{u_{\alpha/2}S}{r\bar{Y}}\right)^2 \tag{3.53}$$

作为 n 的首次近似（其中 $S/\bar{Y}$ 用事先得到的估计替代）。

若 n_0/N 比较大，则取

$$n = n_0 \Big/ \left(1+\frac{n_0}{N}\right) \tag{3.54}$$

根据上述方法，确定 $\alpha=0.05$，对算例中 9 个滑移面分别在 0.05g、0.1g、0.2g、0.4g 地震荷载作用下的安全系数进行统计，其所需计算次数（样本容量）统计如表 3.3 所示。

各滑面所需样本容量统计　　表 3.3

地震动加速度峰值	滑面 1	滑面 2	滑面 3	滑面 4	滑面 5	滑面 6	滑面 7	滑面 8	滑面 9
0.05g	10	9	11	8	13	14	15	17	14
0.1g	14	13	16	11	13	12	14	16	18
0.2g	23	16	19	14	16	17	22	20	21
0.4g	26	18	19	23	21	17	19	19	24

由上表可得，随着地震动加速度峰值的增大，所需计算次数（样本容量）呈增大态势，且计算次数最多为 26 次。本书为方便编制计算程序，将计算次数统一为 50 次，并选取最小安全系数作为评价稳定性的依据。

3.6.4　地震动参数的影响分析

3.6.4.1　视波速的影响

为研究多点地震动荷载作用下视波速变化对卫生填埋场稳定性的影响规律，本书在地震

动加速度 $a_{\max}=0.2g$ 情况下，计算了视波速 v_a 分别为250m/s、500m/s、1000m/s、2000m/s 时的安全系数，并与规范算法进行对比。本书选取有代表性的滑移面 1、2、4、6、8，绘图表示于图 3.8。

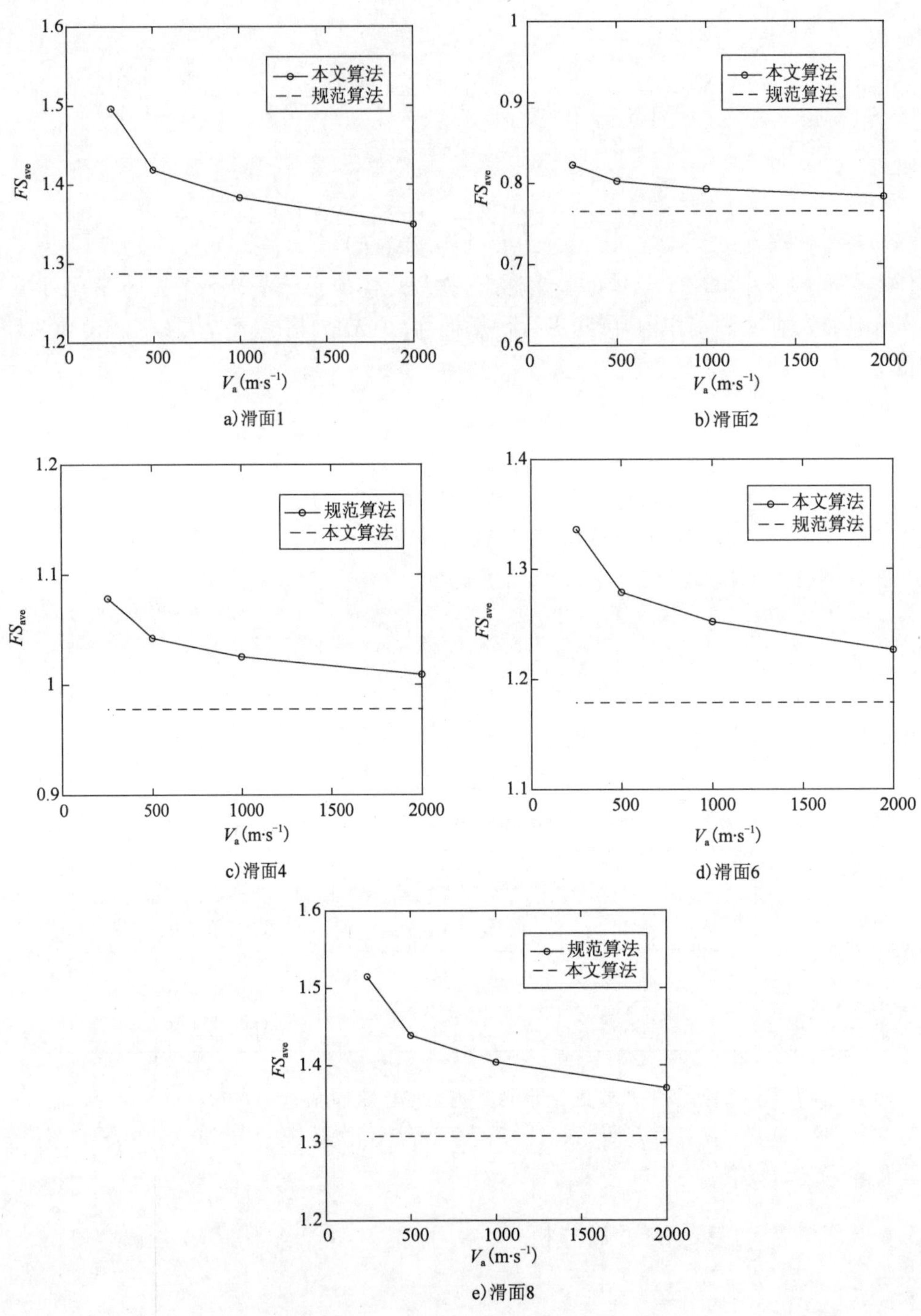

a）滑面1

b）滑面2

c）滑面4

d）滑面6

e）滑面8

图 3.8　稳定性系数与视波速的关系

(1)对于同一个滑移面,多点地震动作用下卫生填埋场的稳定性系数总是大于规范算法中单点地震动作用下稳定性系数;随着视波速 v_a 从 250m/s 增大至 500m/s、1000m/s、2000m/s,多点地震动作用下卫生填埋场的稳定性系数呈减小趋势,其减小幅度随着视波速的增大而变缓。

(2)在视波速 v_a 较小时,多点地震动作用下稳定性系数与规范算法中单点地震动作用下稳定性系数相差较大;随着视波速 v_a 的增大,这两种不同地震动作用下的稳定性系数差值越来越小。由于行波效应作用的结果,波速越慢,与规范算法的一致激励作用相比滞后现象越明显;随着波速的加快,这种滞后现象明显好转。这说明随着视波速 v_a 的增大,多点地震动的行波效应对于卫生填埋场稳定性的影响逐渐减小。

(3)从图 3.6 的算例计算模型可以看出,滑面 2、4、6、8、1 距坡顶的距离分别为 0m、40m、80m、120m、152.64m,而距多点地震动的入射点(坡角)的距离分别为 44.21m、84.21m、124.21m、164.21m、196.85m。从图 3.8 稳定性系数与视波速关系图可以看出,随着滑移面与多点地震动入射点(坡角)距离的增大,多点地震动作用下稳定性系数与规范算法的稳定性系数的差值呈增大趋势。这表明在填埋体横向较小时,视波速的变化对稳定性系数的变化影响较小[图 3.8b)滑面 2],一般可以不考虑视波速的变化对卫生填埋场稳定性的影响。而随着卫生填埋场的横向扩容,稳定性系数变化率会达到 16% 以上[(1.49 - 1.28)/1.28 = 0.164],此时必须考虑视波速的变化对卫生填埋场稳定性的影响。

3.6.4.2　地震动峰值加速度的影响

为研究多点地震动荷载作用下地震动峰值加速度变化对卫生填埋场稳定性的影响规律,本书在视波速 v_a 为 500m/s 情况下,计算了地震动峰值加速度 a_{max} 分别为 0.05g、0.1g、0.2g、0.4g,动态分布系数分别为 2.0、2.5、3.0 时的安全系数,并与规范算法进行对比。选取有代表性的滑移面 1、2、4、6、8 绘图表示于图 3.9。

(1)对于同一个滑面,在相同地震动峰值加速度时,多点地震动作用下卫生填埋场的稳定性系数总是大于规范算法中单点地震动作用下的稳定性系数。

(2)无论是规范算法的一致激励还是本书中的多点地震动作用,随着地震动峰值加速度的增大,稳定性系数都表现出减小的趋势,其减小趋势随着地震动峰值加速度的增加呈减缓趋势。这说明,地震动峰值加速度越大,两种算法计算的稳定性系数相差越大,采用多点地震动作用计算的稳定性系数越接近实际情况。

3.6.4.3　动态分布系数的影响

如前文所述,边坡内各点对振动的反应存在垂直向和水平向的放大现象。而由于目前边坡地震响应的监测资料很少,SL 386—2007 规范中也没有明确如何确定边坡动态放大系数,本书参考现有工程结构的放大系数,选取 2.0、2.5、3.0 三个值进行动态分布系数的分析。

从图 3.9 可以看出,动态分布系数对卫生填埋场稳定性系数的影响较为明显,并且随着地震动峰值加速度的增加,不同动态分布系数的差值呈增大趋势。以滑面 1 为例,地震动峰值加速度 a_{max} 为 0.05g 时,动态分布系数 2.0 与 3.0 的变化率为(2.14 - 2.01)/2.14 = 0.061;而相同情况对于 a_{max} 为 0.4g 时为(1.14 - 0.92)/1.14 = 0.193。这表明地震动峰值加速度值越大,动态分布系数的选取越需慎重。

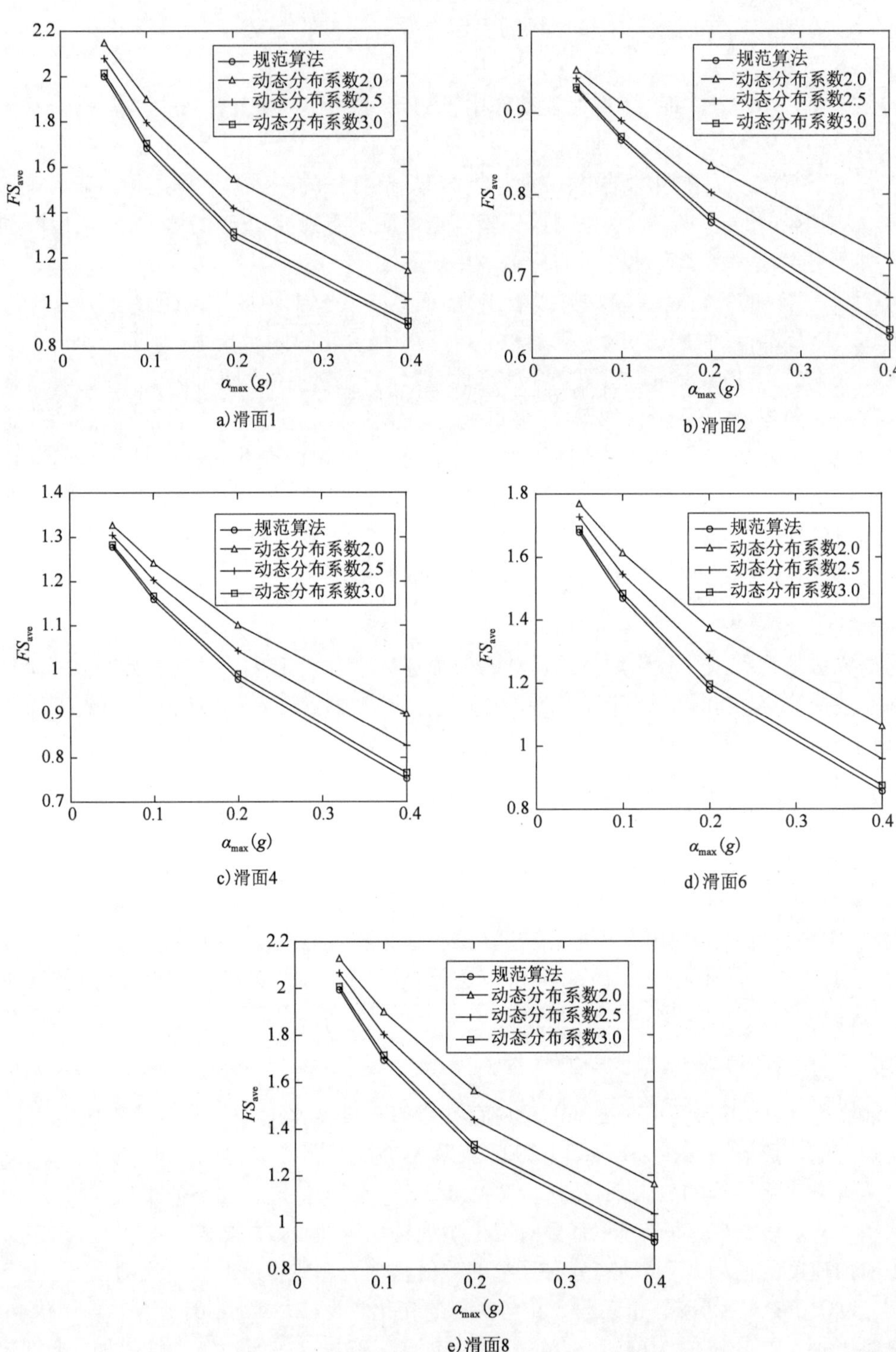

a)滑面1

b)滑面2

c)滑面4

d)滑面6

e)滑面8

图3.9 稳定性系数与地震动峰值加速度、动态分布系数的关系

3.7 本章小结

本章采用人工合成多点地震动的方法,合成了考虑时间、空间变化的既随机又相关的多点地震动,将其与卫生填埋场的滑移稳定计算结合,讨论了包括地震作用效应折减系数 ζ 和动态分布系数 α_i 在内的多点地震动荷载计算的相关问题,建立了卫生填埋场多点地震动荷载的计算方法。

编制相应的卫生填埋场稳定性计算程序,针对某一算例进行计算验证,结果表明了程序的正确性和有效性。并对稳定性分析中涉及的 FS_{true} 确定、地震动参数(视波速 v_a、地震动峰值加速度 a_{max}、动态分布系数 α_i)对稳定性的影响规律问题进行了分析。

(1)由于地震动加速度时程曲线的波动性,由此计算出的稳定性系数在每一时刻也不同,本书选取与加速度时程曲线对应的稳定性系数时程曲线上最小值作为稳定性评价的依据。

(2)滑移失稳分析方法建立中是否考虑主、被动块间的作用力将导致不同的结果,即最大、最小稳定性系数 FS_{max}、FS_{min}。在推导多点地震动作用下卫生填埋场的最大、最小稳定性系数 FS_{max}、FS_{min} 表达式的基础上,采用 FS_{ave} [$FS_{ave} = (FS_{max} + FS_{min})/2$] 代替 FS_{true},并通过计算确定相对误差范围在3% ~5%之间,在可接受的误差范围内。

(3)由于人工合成多点地震动的随机性,致使两次计算得到的 FS_{ave} 差异性问题,本书应用统计学相关理论,计算了有95%可靠度的抽样样本数量。结果表明:随着地震动加速度峰值的增大,所需计算次数(样本容量)呈增大态势,且计算次数最多为26次。本书为方便编制计算程序,将计算次数统一为50次,并选取最小安全系数作为评价稳定性的依据。

(4)通过算例计算了地震动参数(视波速 v_a、地震动峰值加速度 a_{max}、动态分布系数 α_i)对卫生填埋场稳定性的影响规律,结果表明:在视波速 v_a 较小时,多点地震动作用下稳定性系数与规范算法中单点地震动作用下稳定性系数相差较大,随着视波速 v_a 的增大,这两种稳定性系数的差值越来越小;多点地震动作用下卫生填埋场的稳定性系数总是大于规范算法中单点地震动作用下的稳定性系数,且两种算法的计算结果差值随地震动峰值加速度 a_{max} 增大而增大;动态分布系数 α_i 对卫生填埋场稳定性系数的影响较为明显,并且随着地震动峰值加速度 a_{max} 的增加,不同动态分布系数下卫生填埋场稳定性系数的差值呈增大趋势。

第4章 考虑基质吸力影响的卫生填埋场多点地震稳定性分析

4.1 引 言

由于气候—水文过程的分异化,导致蒸发量与降水量的不平衡。一般情况下,当蒸发量大于降水量时,就形成了“缺水的干旱半干旱地区”[177]。图4.1为开普敦地区的降雨与蒸发量对比。该地区的卫生填埋场处于无渗滤液或少渗滤液的状态[178],在分析该类地区卫生填埋场稳定性时需要考虑填埋体中基质吸力的影响。

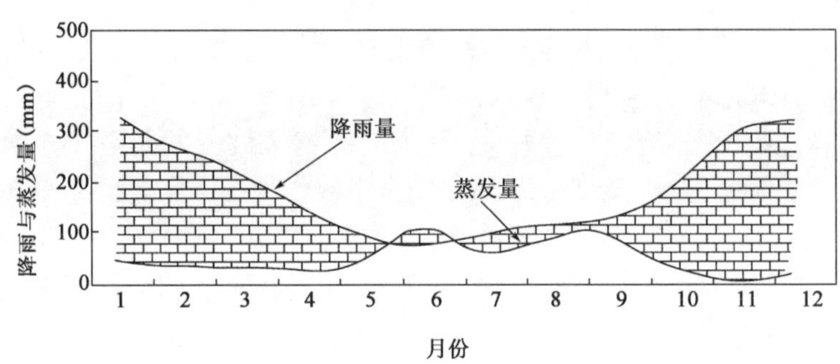

图4.1 开普敦地区降雨与蒸发量对比

本章在前文建立的卫生填埋场多点地震稳定性分析的基础上,通过借鉴非饱和土力学相关理论,建立了适合干旱半干旱地区卫生填埋场稳定性分析的方法(该部分已发表在SCI期刊)[105]。并利用该方法,通过大量的数值计算,分析了卫生填埋场稳定性影响因素的变化对稳定系数影响规律。

4.2 考虑基质吸力影响的卫生填埋场多点地震稳定性分析方法建立

参考前章图3.3多点地震动作用下卫生填埋体受力示意图,按照填埋体是否考虑基质吸力的特点(整体滑移时,填埋体背坡与衬垫接触面没有基质吸力,但主被动块间的相互作用需考虑基质吸力;局部滑移时,滑移面在填埋体内部,主被动块间的相互作用、背坡滑移面处均需考虑基质吸力),本章的稳定性分析方法分局部与整体滑移建立。

4.2.1　局部滑移方法的建立及求解

被动楔体在 y 方向上满足力的平衡条件，可得：

$$W_P + E_{VP} + Q_{VP} = N_P \cdot \cos\theta + F_P \cdot \sin\theta \tag{4.1}$$

$$F_P = C_P/FS_P + N_P \cdot \tan\delta_p/FS_P \tag{4.2}$$

$$E_{VP} = C_{SW1}/FS_V + (E_{HP} - \mu_a \cdot L_1) \cdot \tan\phi'/FS_V + (u_a - u_w) \cdot L_1 \cdot \tan\phi^b/FS_V \tag{4.3}$$

这里假设：

$$m_{sw} = \tan\phi'/FS_V \tag{4.4}$$

$$n_{sw} = C_{SW1}/FS_V \tag{4.5}$$

$$o_{sw} = \tan\phi^b/FS_V \tag{4.6}$$

将式(4.4)~式(4.6)代入式(4.3)得：

$$E_{VP} = n_{sw} + (E_{HP} - u_a \cdot L_1) \cdot m_{sw} + (u_a - u_w) \cdot L_1 \cdot o_{sw} \tag{4.7}$$

将式(4.2)、式(4.7)代入式(4.1)得：

$$\begin{aligned} &W_P + Q_{VP} + n_{sw} + (E_{HP} - u_a \cdot L_1) \cdot m_{sw} + (u_a - u_w) \cdot L_1 \cdot o_{sw} \\ &= N_P \cdot (\cos\theta + \sin\theta \cdot \tan\delta_p/FS_P) + C_P \cdot \sin\theta/FS_P \end{aligned} \tag{4.8}$$

被动楔体在 x 方向上满足力的平衡条件，可得：

$$F_P \cdot \cos\theta = E_{HP} + Q_{HP} + N_P \cdot \sin\theta \tag{4.9}$$

将式(4.2)代入式(4.9)得：

$$N_P = (E_{HP} + Q_{HP} - C_P \cdot \cos\theta/FS_P)/(\cos\theta \cdot \tan\delta_P/FS_P - \sin\theta) \tag{4.10}$$

将式(4.10)代入式(4.8)得：

$$\begin{aligned} E_{HP} = &\{[W_P + Q_{VP} + n_{sw} - u_a \cdot L_1 \cdot m_{sw} + (u_a - u_w) \cdot L_1 \cdot o_{sw}] \cdot (\cos\theta \cdot \tan\delta_P/FS_P - \sin\theta) - \\ &Q_{HP} \cdot (\cos\theta + \sin\theta \cdot \tan\delta_P/FS_P) + C_P/FS_P\}/(\cos\theta + \sin\theta \cdot \tan\delta_P/FS_P - m_{sw} \cdot \cos\theta \cdot \\ &\tan\delta_P/FS_P + \sin\theta \cdot m_{sw}) \end{aligned} \tag{4.11}$$

主动楔体在 y 方向上满足力的平衡条件，可得：

$$W_A + Q_{VA} = F_A \cdot \sin\beta + N_A \cdot \cos\beta + E_{VA} \tag{4.12}$$

$$F_A = C_{SW2}/FS_A + (N_A - u_a \cdot L_2) \cdot \tan\phi'/FS_A + (u_a - u_w) \cdot L_2 \cdot \tan\phi^b/FS_A \tag{4.13}$$

$$E_{VA} = C_{SW1}/FS_V + (E_{HA} - u_a \cdot L_1) \cdot \tan\phi'/FS_V + (u_a - u_w) \cdot L_1 \cdot \tan\phi^b/FS_V \tag{4.14}$$

这里假设：

$$p_{sw} = \tan\phi'/FS_A \tag{4.15}$$

$$q_{sw} = \tan\phi^b/FS_A \tag{4.16}$$

$$t_{sw} = C_{SW2}/FS_A \tag{4.17}$$

将式(4.15)~式(4.17)代入式(4.13)、式(4.14)得：

$$F_A = t_{sw} + (N_A - u_a \cdot L_2) \cdot p_{sw} + (u_a - u_w) \cdot L_2 \cdot q_{sw} \tag{4.18}$$

$$E_{VA} = n_{sw} + (E_{HA} - u_a \cdot L_1) \cdot m_{sw} + (u_a - u_w) \cdot L_1 \cdot o_{sw} \tag{4.19}$$

将式(4.18)、式(4.19)代入式(4.12)得：

$$N_A \cdot (\cos\beta + \sin\beta \cdot p_{sw})$$
$$= W_A + Q_{VA} - t_{sw} \cdot \sin\beta + u_a \cdot L_2 \cdot p_{sw} \cdot \sin\beta - (u_a - u_w) \cdot (L_2 \cdot q_{sw} \cdot \sin\beta + L_1 \cdot o_{sw}) - n_{sw} - (E_{HA} - u_a \cdot L_1) \cdot m_{sw} \tag{4.20}$$

主动楔体在 x 方向上满足力的平衡条件，可得：

$$F_A \cdot \cos\beta + E_{HA} = N_A \cdot \sin\beta + Q_{HA} \tag{4.21}$$

将式(4.18)代入式(4.21)得：

$$N_A = [t_{sw} \cdot \cos\beta - u_a \cdot L_2 \cdot p_{sw} \cdot \cos\beta + (u_a - u_w) \cdot L_2 \cdot q_{sw} \cdot \cos\beta + E_{HA} - Q_{HA}] / (\sin\beta - p_{sw} \cdot \cos\beta) \tag{4.22}$$

将式(4.22)代入式(4.20)得：

$$E_{HA} = \{[W_A + Q_{VA} - n_{sw} + u_a \cdot L_1 \cdot m_{sw} \cdot \sin\beta - (u_a - u_w) \cdot L_1 \cdot o_{sw}] \cdot (\sin\beta - p_{sw} \cdot \cos\beta) - t_{sw} + u_a \cdot L_2 \cdot p_{sw} - (u_a - u_w) \cdot L_2 \cdot q_{sw} + Q_{HA} \cdot \cos\beta + Q_{HA} \cdot \sin\beta \cdot p_{sw}\} / (\cos\beta + \sin\beta \cdot p_{sw} + m_{sw} \cdot \sin\beta - m_{sw} \cdot p_{sw} \cdot \cos\beta) \tag{4.23}$$

根据前章的假设及其分析，卫生填埋场的最大安全系数 FS_{max} 可以通过下式计算：

$$\{[W_P + Q_{VP} + C_{SW1}/FS + (u_a - u_w) \cdot L_1 \cdot \tan\phi^b/FS] \cdot (\cos\theta \cdot \tan\delta_P/FS - \sin\theta) - Q_{HP} \cdot (\cos\theta + \sin\theta \cdot \tan\delta_P/FS) + C_P/FS\} / (\cos\theta + \sin\theta \cdot \tan\delta_P\}/FS - \tan\phi' \cdot \cos\theta \cdot \tan\delta_P/FS^2 + \sin\theta \cdot \tan\phi'/FS)$$
$$= \{[W_A + Q_{VA} - C_{SW1}/FS - (u_a - u_w) \cdot L_1 \cdot \tan\phi^b/FS] \cdot (\sin\beta - \cos\beta \cdot \tan\phi'/FS) - C_{SW2}/FS - (u_a - u_w) \cdot L_2 \cdot \tan\phi^b/FS + Q_{HA} \cdot (\cos\beta + \sin\beta \cdot \tan\phi'/FS)\} / (\cos\beta + \sin\beta \cdot \tan\phi'/FS + \tan\phi' \cdot \sin\beta/FS - \tan\phi' \cdot \tan\phi' \cdot \cos\beta/FS^2) \tag{4.24}$$

最小安全系数 FS_{min} 可以通过下式计算：

$$[(W_P + Q_{VP}) \cdot (\cos\theta \cdot \tan\delta_P/FS - \sin\theta) - Q_{HP} \cdot \cos\theta - Q_{HP} \cdot \sin\theta \cdot \tan\delta_P/FS + C_P/FS] / (\cos\theta + \sin\theta \cdot \tan\delta_P/FS)$$
$$= [(W_A + Q_{VA}) \cdot (\sin\beta - \cos\beta \cdot \tan\phi'/\mathrm{FS}) - C_{SW2}/FS - (u_a - u_w) \cdot L_2 \cdot \tan\phi^b/FS + Q_{HA} \cdot (\cos\beta + \sin\beta \cdot \tan\phi'/FS)] / (\cos\beta + \sin\beta \cdot \tan\phi'/FS) \tag{4.25}$$

卫生填埋场形体参数计算参照前章所述。

4.2.2 整体滑移方法的建立及求解

被动楔体整体滑移时，x、y 方向力平衡公式同局部滑移。

主动楔体在 y 方向上满足力的平衡条件，可得：

$$W_A + Q_{VA} = F_A \cdot \sin\beta + N_A \cdot \cos\beta + E_{VA} \tag{4.26}$$

$$F_A = C_A/FS_A + N_A \cdot \tan\delta_a/FS_A \tag{4.27}$$

$$E_{VA} = C_{SW1}/FS_V + (E_{HA} - u_a \cdot L_1) \cdot \tan\phi'/FS_V + (u_a - u_w) \cdot L_1 \cdot \tan\phi^b/FS_V \tag{4.28}$$

将式(4.4)～式(4.6)代入式(4.28)得：

$$E_{VA} = n_{sw} + (E_{HA} - u_a \cdot L_1) \cdot m_{sw} + (u_a - u_w) \cdot L_1 \cdot o_{sw} \tag{4.29}$$

将式(4.27)、式(4.29)代入式(4.26)得：

$$N_A \cdot (\cos\beta + \sin\beta \cdot \tan\delta_a/FS_A)$$

$$= W_A + Q_{VA} - C_A \cdot \sin\beta / FS_A - n_{sw} - (E_{HA} - u_a \cdot L_1) \cdot m_{sw} - (u_a - u_w) \cdot L_1 \cdot o_{sw} \tag{4.30}$$

主动楔体在 x 方向上满足力的平衡条件,可得:

$$F_A \cdot \cos\beta + E_{HA} = N_A \cdot \sin\beta + Q_{HA} \tag{4.31}$$

将式(4.27)代入式(4.31)得:

$$N_A = (C_A \cdot \cos\beta / FS_A + E_{HA} - Q_{HA}) / (\sin\beta - \cos\beta \cdot \tan\delta_a / FS_A) \tag{4.32}$$

将式(4.32)代入式(4.30)得:

$$E_{HA} = \{[W_A + Q_{VA} - n_{sw} + u_a \cdot L_1 \cdot m_{sw} \cdot \sin\beta - (u_a - u_w) \cdot L_1 \cdot o_{sw}] \cdot (\sin\beta - \cos\beta \cdot \tan\delta_a / FS_A) + Q_{HA} \cdot (\cos\beta + \sin\beta \cdot \tan\delta_a / FS_A) - C_A / FS_A\} / (\cos\beta + \sin\beta \cdot \tan\delta_a / FS_A + m_{sw} \cdot \sin\beta - m_{sw} \cdot \cos\beta \cdot \tan\delta_a / FS_A) \tag{4.33}$$

根据前章的假设及其分析,卫生填埋场的最大安全系数 FS_{max} 可以通过下式计算:

$$\begin{aligned} &\{[W_P + Q_{VP} + C_{SW1}/FS + (u_a - u_w) \cdot L_1 \cdot \tan\phi^b / FS] \cdot (\cos\theta \cdot \tan\delta_P / FS - \sin\theta) - \\ &Q_{HP} \cdot (\cos\theta + \sin\theta \cdot \tan\delta_P / FS) + C_P / FS\} / (\cos\theta + \sin\theta \cdot \tan\delta_P / FS - \tan\phi' \cdot \\ &\cos\theta \cdot \tan\delta_P / FS^2 + \sin\theta \cdot \tan\phi' / FS) \\ = &\{[W_A + Q_{VA} - C_{SW1}/FS - (u_a - u_w) \cdot L_1 \cdot \tan\phi^b / FS] \cdot (\sin\beta - \cos\beta \cdot \tan\delta_a / FS) - \\ &C_A / FS + Q_{HA} \cdot (\cos\beta + \sin\beta \cdot \tan\delta_a / FS\} / (\cos\beta + \sin\beta \cdot \tan\delta_a / FS + \tan\phi' \cdot \sin\beta / FS - \\ &\tan\phi' \cdot \tan\delta_a \cdot \cos\beta / FS^2) \end{aligned} \tag{4.34}$$

最小安全系数 FS_{min} 可以通过下式计算:

$$\begin{aligned} &[(W_P + Q_{VP}) \cdot (\cos\theta \cdot \tan\delta_P / FS - \sin\theta) - Q_{HP} \cdot (\cos\theta + \sin\theta \cdot \tan\delta_P / FS) + C_P / FS] / \\ &(\cos\theta + \sin\theta \cdot \tan\delta_P / FS) \\ = &[(W_A + Q_{VA}) \cdot (\sin\beta - \cos\beta \cdot \tan\delta_a / FS) - C_A / FS + Q_{HA} \cdot (\cos\beta + \sin\beta \cdot \tan\delta_a / FS] / \\ &(\cos\beta + \sin\beta \cdot \tan\delta_a / FS) \end{aligned} \tag{4.35}$$

4.3 考虑基质吸力影响的卫生填埋场多点地震局部稳定性研究

计算参数基准取值见表3.2。下面针对某一影响因素对稳定性系数的影响进行分析时,只考虑该影响因素随时间的变化值,其他参数仍按表3.2取值,地震动峰值加速度 $a_{max} = 0.2g$。滑移面划分如图3.6所示,局部滑移面为滑面2、3、4、…、9。

4.3.1 填埋体强度参数影响分析

为研究多点地震动荷载作用下填埋体强度参数在不同非饱和状态下对卫生填埋场稳定性的影响规律,计算了填埋体黏聚力 c_{sw} 分别为5kPa、10kPa、15kPa、20kPa、25kPa、30kPa,$(u_a - u_w)$ 分别为0kPa、100kPa、200kPa,ϕ^b 分别为10°、20°、30°时的稳定性系数。图4.2为滑移面2、3、4、…、9的稳定性系数随填埋体黏聚力 c_{sw} 的变化规律。

u_a-u_w=0kPa
u_a-u_w=100kPa, ϕ^b=10°
u_a-u_w=200kPa, ϕ^b=10°
u_a-u_w=100kPa, ϕ^b=20°
u_a-u_w=200kPa, ϕ^b=20°
u_a-u_w=100kPa, ϕ^b=30°
u_a-u_w=200kPa, ϕ^b=30°
FS_{ave}
c_{sw}(kPa)
a)滑面2
b)滑面3
c)滑面4
d)滑面5
e)滑面6
f)滑面7

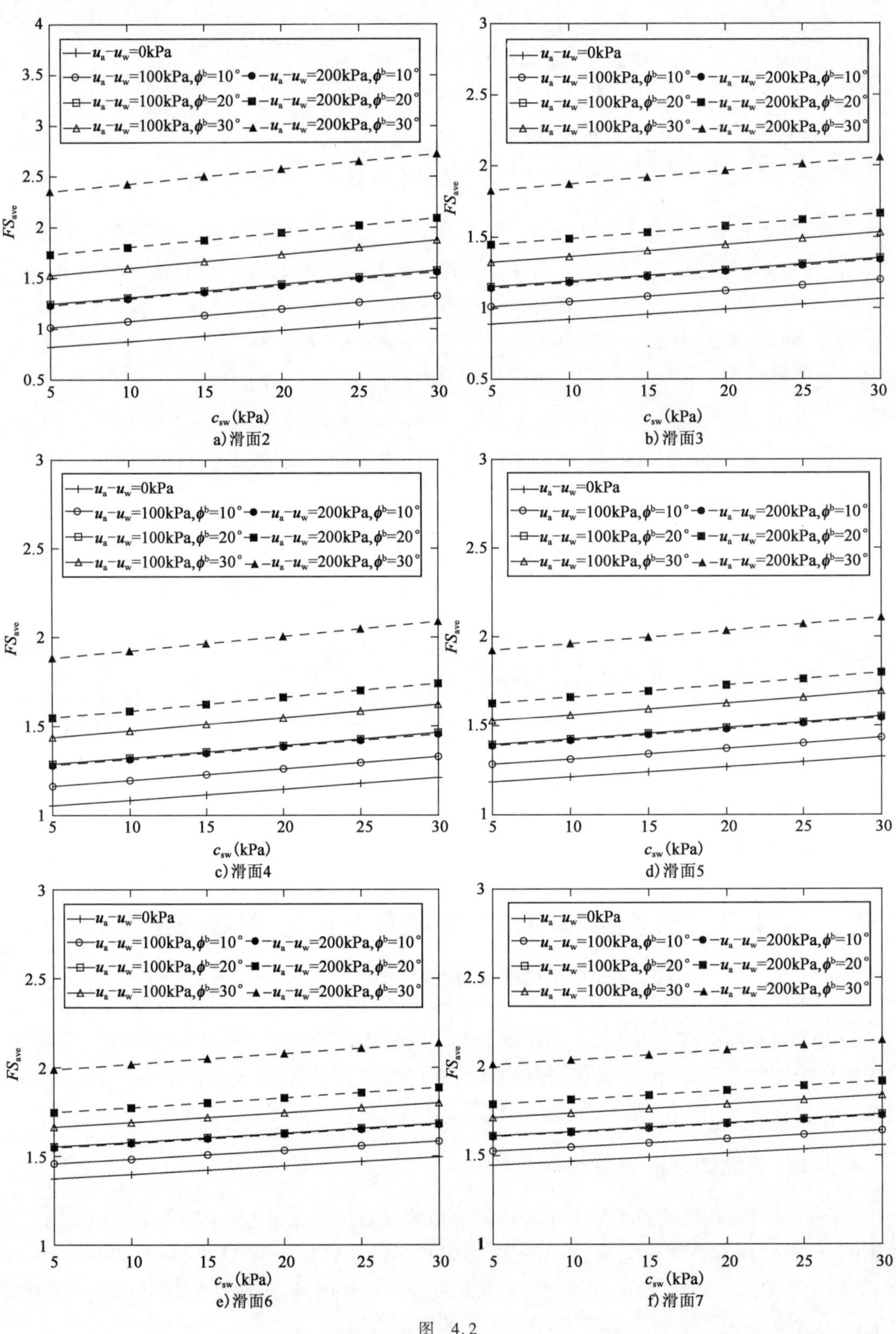

图 4.2

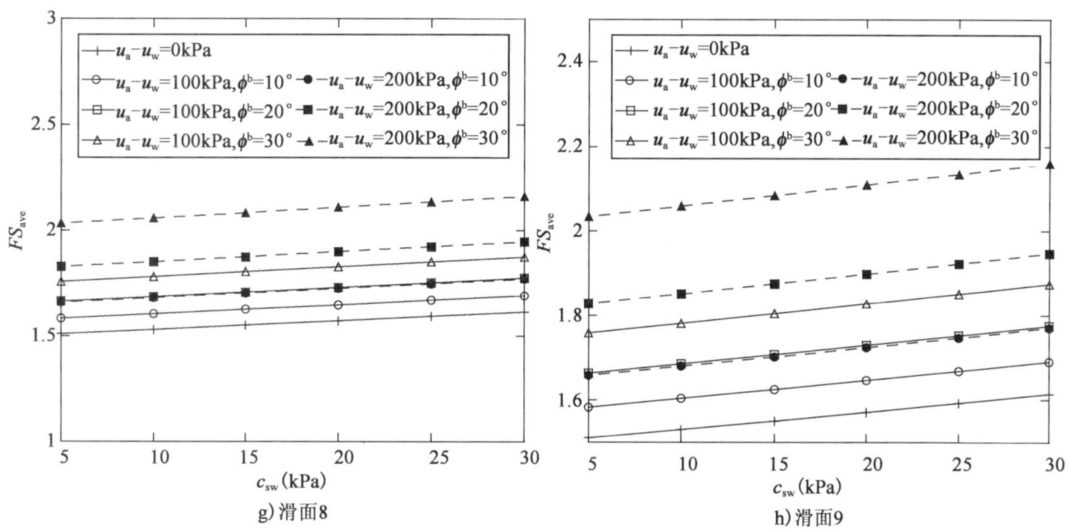

图4.2　考虑基质吸力影响的局部稳定性系数与 c_{sw} 关系

可以看出：

(1)对于任何一个局部滑移面，随 c_{sw} 的增大，其稳定性系数增大，但其稳定性系数增大的趋势随着滑移面的右移而放缓，这说明黏聚力对局部滑移稳定性的影响随着局部滑移体积的增大而呈减小趋势。因此，应特别重视填埋体随时间降解导致的黏聚力 c_{sw} 的减小对体积较小的局部滑移面的稳定性系数的影响。

(2)对于任何一个局部滑移面，考虑基质吸力情况下的稳定性系数比没有考虑的要大；在同样基质吸力时，ϕ^b 越大，稳定性系数越大；而且其变化并不呈现线性规律。以图4.2a)中 $c_{sw}=20$kPa 为例，在 $(u_a-u_w)=200$kPa，ϕ^b 分别为10°、20°、30°时，其稳定性系数分别为1.4255、1.9477、2.5744。

(3)在 $c_{sw}=5$kPa，不考虑 (u_a-u_w) 时，局部滑移面2、3、4、…、9的稳定性系数分别为0.8229、0.8888、1.0544、1.185、1.2891、1.3751、1.4477、1.5101，表现为逐渐增大的规律。对于其他的 c_{sw}，也有相似的变化规律。

(4)在考虑 (u_a-u_w) 时，随着滑移面的右移，局部滑移面的稳定性系数表现为先减小后增大的规律，在滑面3为其稳定性系数的最小值。这表明考虑了基质吸力作用的卫生填埋场最危险滑面并不是在坡顶，而是在距离坡顶一定距离的位置。

为研究多点地震动荷载作用下填埋体强度参数在不同非饱和状态下对卫生填埋场稳定性的影响规律，计算了填埋体内摩擦角 ϕ_{sw} 分别为20°、30°、40°、50°(根据文献[101]确定此范围)在 (u_a-u_w) 分别为0kPa、100kPa、200kPa，ϕ^b 分别为10°、20°、30°时的稳定性系数。图4.3为滑移面2、3、4、…、9的稳定性系数随填埋体内摩擦角 ϕ_{sw} 的变化规律。

可以看出：

(1)对于任何一个局部滑移面，随 ϕ_{sw} 的增大，其稳定性系数增大，但其稳定性系数增大的趋势随着滑移面的右移呈放缓趋势，这说明内摩擦角对局部滑移稳定性的影响随着局部滑移体积的增大而呈减小趋势，这一趋势与图4.2相同。因此，应特别重视填埋体随时间降解导致的内摩擦角 ϕ_{sw} 减小对体积较小的局部滑移面的稳定性系数的影响。

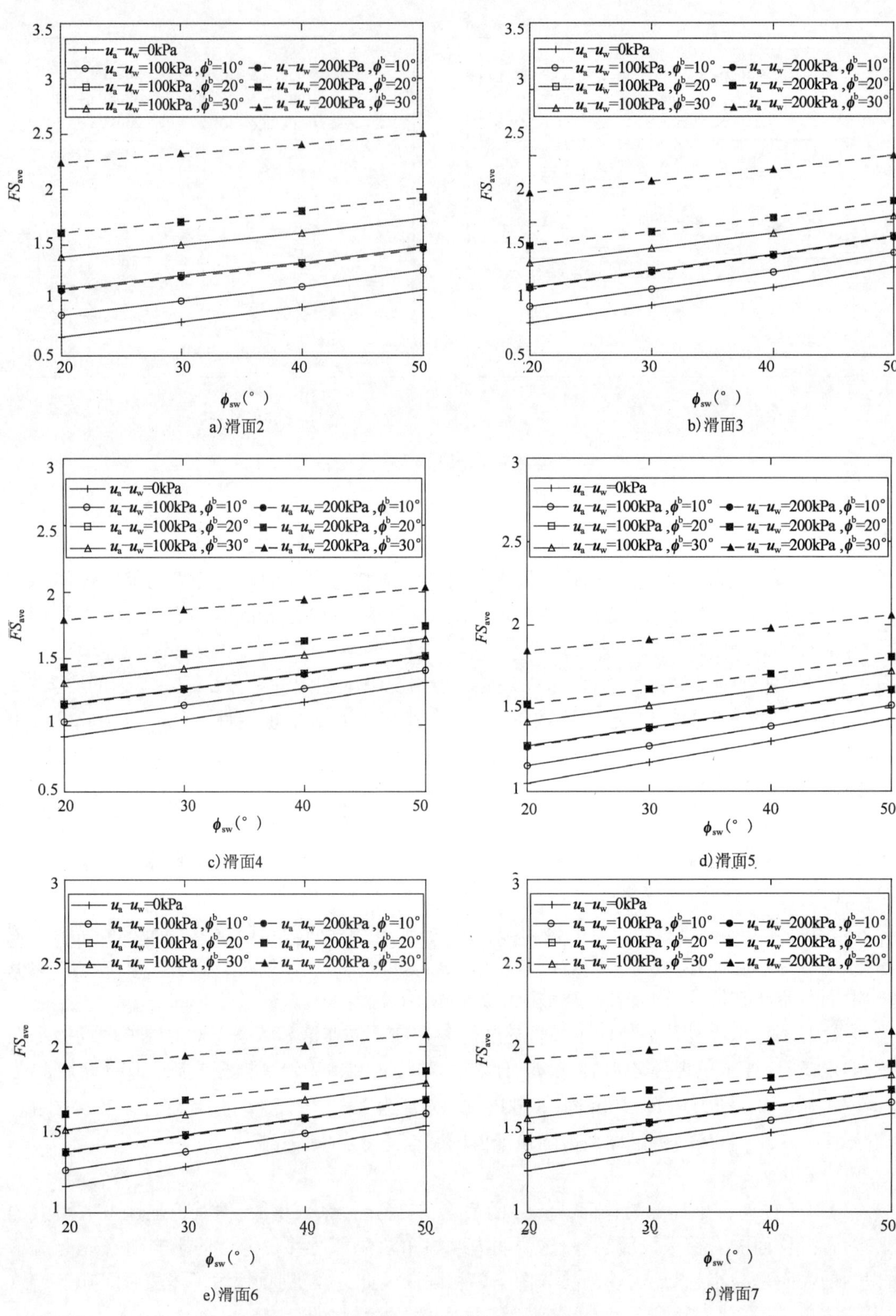

a) 滑面2

b) 滑面3

c) 滑面4

d) 滑面5

e) 滑面6

f) 滑面7

图 4.3

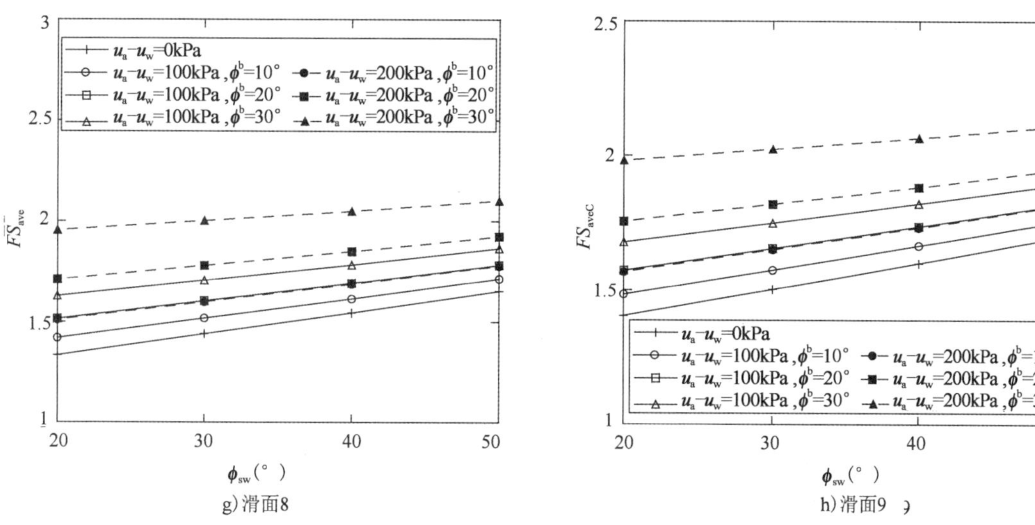

图4.3　考虑基质吸力影响的局部稳定性系数与 ϕ_{sw} 关系

(2)对于任何一个局部滑移面，考虑基质吸力情况下的稳定性系数比没有考虑的要大；在同样基质吸力时，ϕ^b 越大，稳定性系数越大；而且其变化并不呈现线性规律。以图4.3a中 $\phi_{sw}=30°$为例，在$(u_a-u_w)=200$kPa，ϕ^b 分别为10°、20°、30°时，其稳定性系数分别为1.205、1.7065、2.3219。

(3)在 $\phi_{sw}=40°$，不考虑(u_a-u_w)时，局部滑移面2、3、4、…、9的稳定性系数分别为0.9362、1.0093、1.1736、1.2996、1.3979、1.4777、1.5441、1.6004，表现为逐渐增大的规律。对于其他的 ϕ_{sw}，也有相似的变化规律。

(4)在考虑(u_a-u_w)时，随着滑移面的右移，局部滑移面的稳定性系数表现为先减小后增大的规律，在滑面3为其稳定性系数的最小值。这表明基质吸力的存在改变了原有卫生填埋场稳定性系数的变化规律，在计算分析时需全面考虑。

4.3.2　填埋体重度参数影响分析

为研究多点地震动荷载作用下填埋体重度参数在不同非饱和状态下对卫生填埋场稳定性的影响规律，计算了填埋体重度 γ_{sw}分别为原来的1、1.5、2倍(填埋体重度随降解时间的持续而增大)时，在(u_a-u_w)分别为0kPa、100kPa、200kPa，ϕ^b 分别为10°、20°、30°时的稳定性系数。图4.4为滑移面2、3、4、…、9的稳定性系数随填埋体重度 γ_{sw}的变化规律。

可以看出：

(1)不考虑基质吸力(u_a-u_w)时，对于任何一个局部滑移面，随 γ_{sw}的增大，其稳定性系数近似呈线性减小。从稳定性系数变化的数值来看，重度变化对卫生填埋场的影响不是很大。分析其原因，重度增加致使下滑力增大的同时更增大了抵抗下滑的力，即式(2.6)中 $N\cdot\tan\delta$ 的数值增大。因此，γ_{sw}虽然增大，其安全系数也不会降低太多。

(2)在考虑基质吸力(u_a-u_w)时，对于任何一个局部滑移面，随 γ_{sw}的增大，其稳定性系数减小趋势逐渐趋于缓慢，并且这种变化在(u_a-u_w)越大、ϕ^b 越大时越明显。

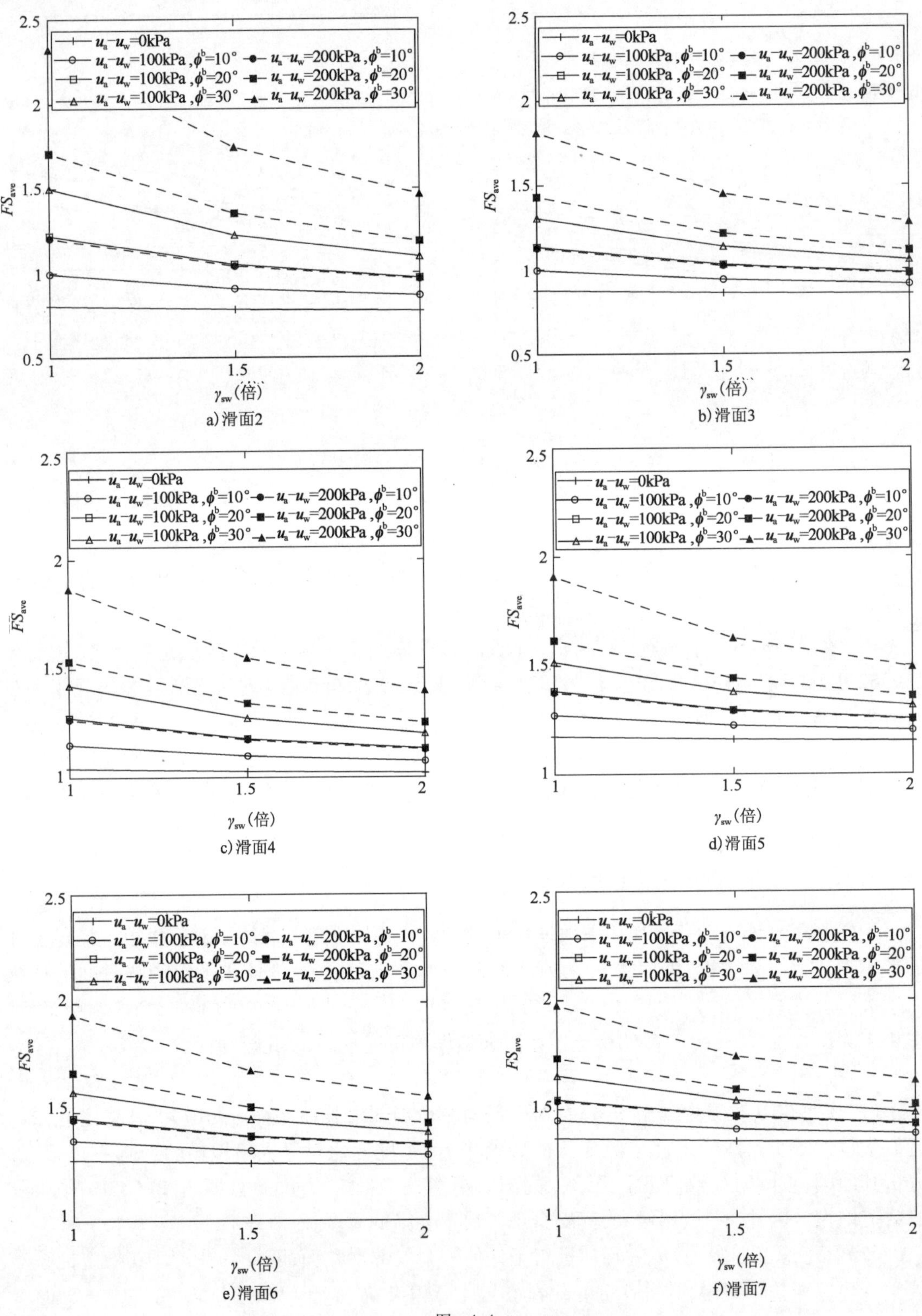

a)滑面2　b)滑面3

c)滑面4　d)滑面5

e)滑面6　f)滑面7

图 4.4

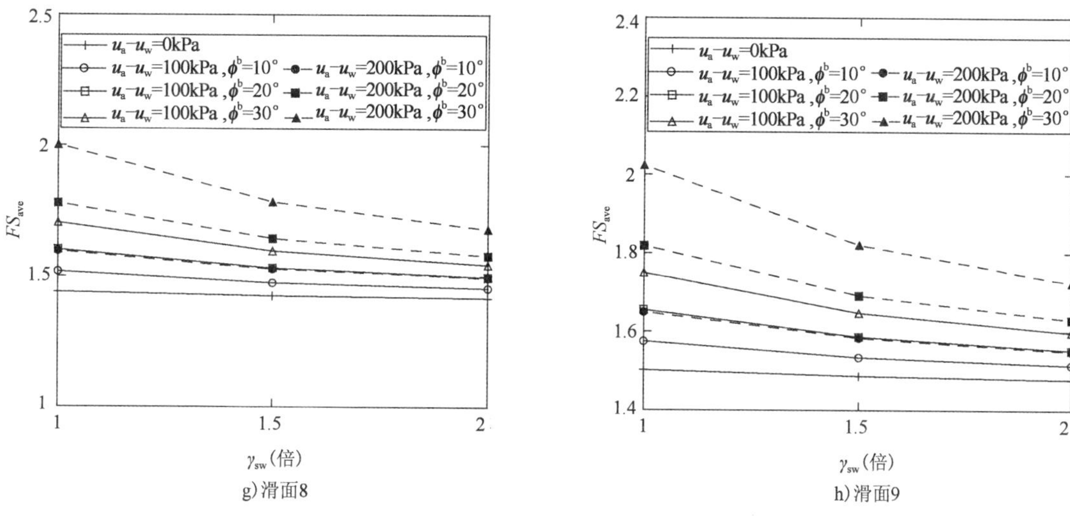

g)滑面8　　h)滑面9

图4.4　考虑基质吸力影响的局部稳定性系数与 γ_{sw} 关系

(3)在考虑基质吸力(u_a-u_w)时，随着滑移面的右移，局部滑移面的稳定性系数表现为先减小后增大的规律，在滑面3为其稳定性系数的最小值。与不考虑基质吸力(u_a-u_w)相比，卫生填埋场最危险滑面发生了变化，并不是在坡顶，而是在距离坡顶一定距离的位置。

4.3.3　卫生填埋场衬垫接触面力学参数

为研究多点地震动荷载作用下填埋体与衬垫接触面力学参数的变化对卫生填埋场稳定性的影响规律，计算了被动块与衬垫接触面黏聚力 c_p 分别为0kPa、1kPa、2kPa、3kPa、4kPa、5kPa，摩擦角 δ_p 分别为10°、15°、20°、25°、30°时，在填埋体(u_a-u_w)分别为0kPa、100kPa、200kPa，ϕ^b 分别为10°、20°、30°时的稳定性系数。图4.5为滑移面2、3、4、…、9的稳定性系数随衬垫接触面黏聚力 c_p 的变化规律；图4.6为滑移面2、3、4、…、9的稳定性系数随衬垫接触面摩擦角 δ_p 的变化规律。

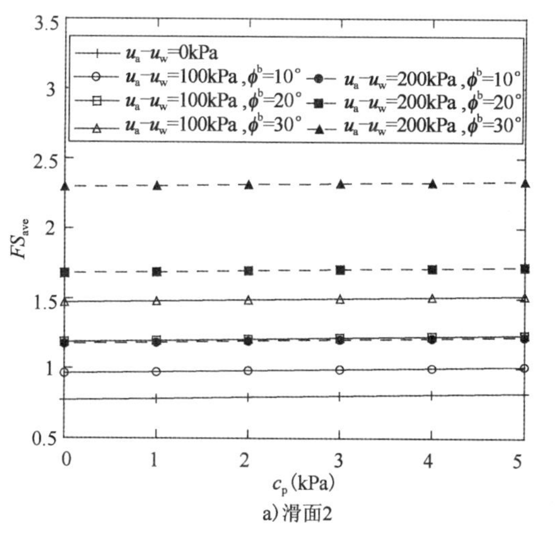

a)滑面2

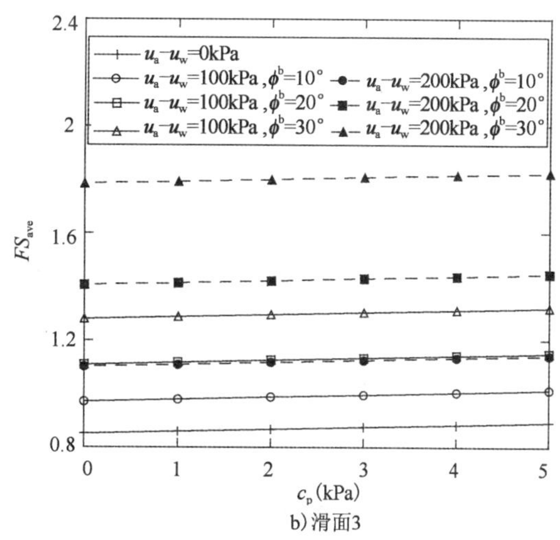

b)滑面3

图　4.5

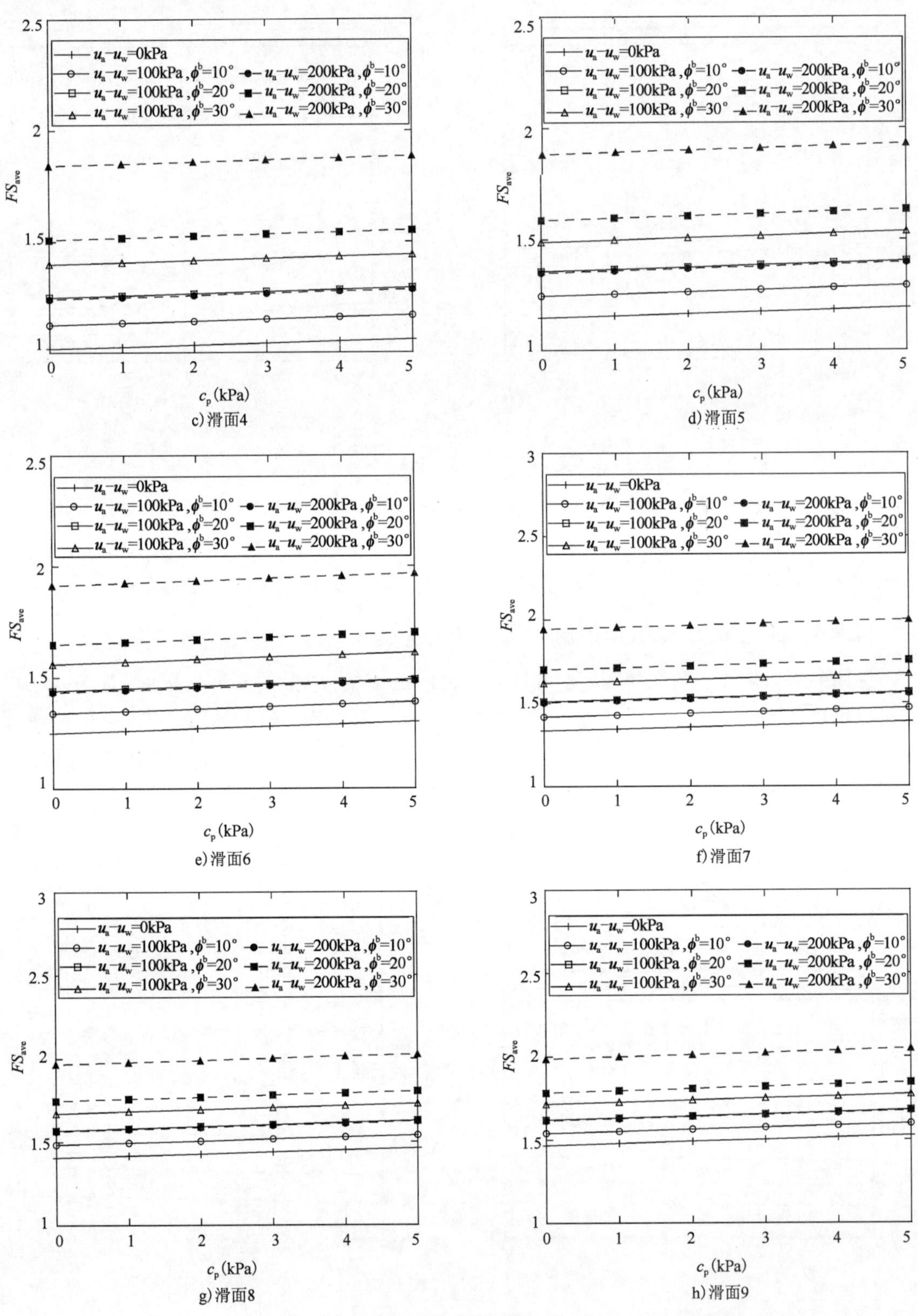

c) 滑面4

d) 滑面5

e) 滑面6

f) 滑面7

g) 滑面8

h) 滑面9

图4.5 考虑基质吸力影响的局部稳定性系数与 c_p 关系

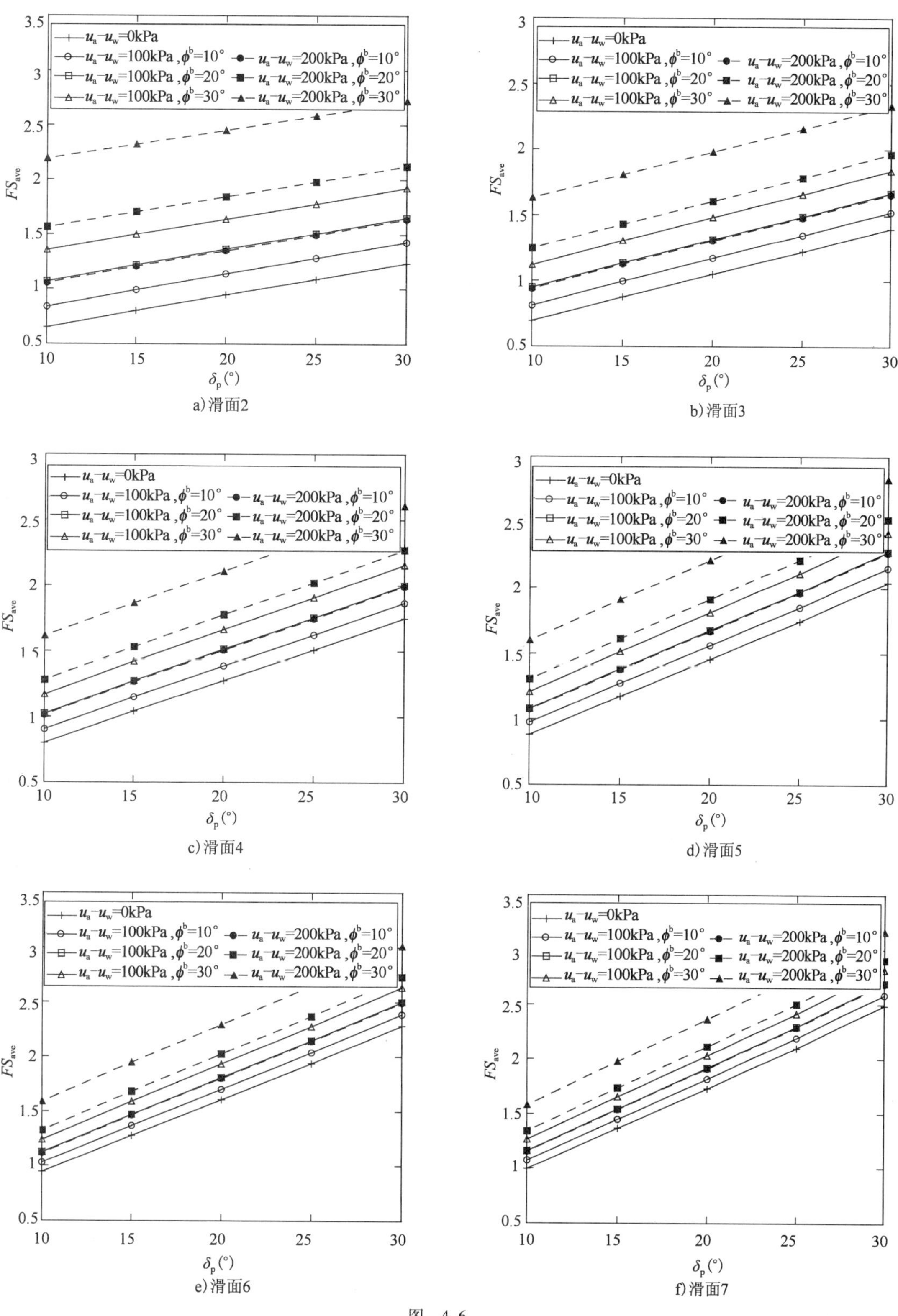

a) 滑面2

b) 滑面3

c) 滑面4

d) 滑面5

e) 滑面6

f) 滑面7

图　4.6

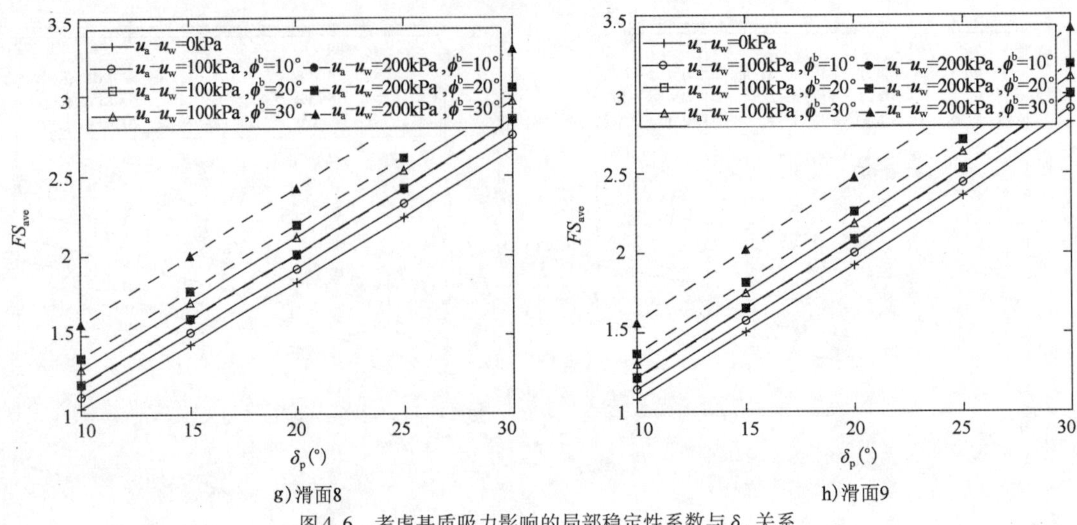

g)滑面8　　h)滑面9

图4.6　考虑基质吸力影响的局部稳定性系数与 δ_p 关系

可以看出：

(1)对于任何一个局部滑移面，随接触面黏聚力 c_p、摩擦角 δ_p 的增大，其稳定性系数增大。就其影响稳定性的程度来说，接触面摩擦角 δ_p 的影响程度明显大于黏聚力 c_p 对稳定性的影响。这说明在卫生填埋场衬垫选择时，应根据实测试验数据，首先选用接触面摩擦角 δ_p 较大的衬垫，并采取措施防止接触面摩擦角 δ_p 随时间增加而减小。

(2)从图4.6中，可以很明显地看出，稳定性系数增大的趋势随着滑移面的右移同样呈加剧趋势，这说明接触面摩擦角 δ_p 对局部滑移稳定性的影响随着局部滑移体积的增大而呈增大趋势。在卫生填埋场的实际运营中，随着时间增加，卫生填埋场横向扩容的增大，越应保证接触面摩擦角 δ_p 的有效值。

(3)对于任何一个局部滑移面，考虑基质吸力 $(u_a - u_w)$ 情况下的稳定性系数比没有考虑的要大；在同样基质吸力时，ϕ^b 越大，稳定性系数越大；而且其变化并不呈现线性规律。这一点与与前文相关讨论吻合。

(4)在考虑 $(u_a - u_w)$ 时，随着滑移面的右移，局部滑移面的稳定性系数表现为先减小后增大的规律，在滑面3为其稳定性系数的最小值。这表明基质吸力的存在改变了原有卫生填埋场稳定性系数的变化规律，在计算分析时需全面考虑。

4.3.4　卫生填埋场几何外形参数

4.3.4.1　卫生填埋场高度

为研究多点地震动荷载作用下卫生填埋场高度对其稳定性的影响规律，计算了卫生填埋场高度 H 随时间而增加，分别为40m、60m、80m，在填埋体 $(u_a - u_w)$ 分别为0kPa、100kPa、200kPa，ϕ^b 分别为10°、20°、30°时的稳定性系数。图4.7为滑移面2、3、4、…、9的稳定性系数随卫生填埋场高度的变化规律。

可以看出：

(1)由于在计算模型中，高度 H 增加到一定值，滑面8、9就不存在，所以g)、h)两图中横坐标与前几图不同。

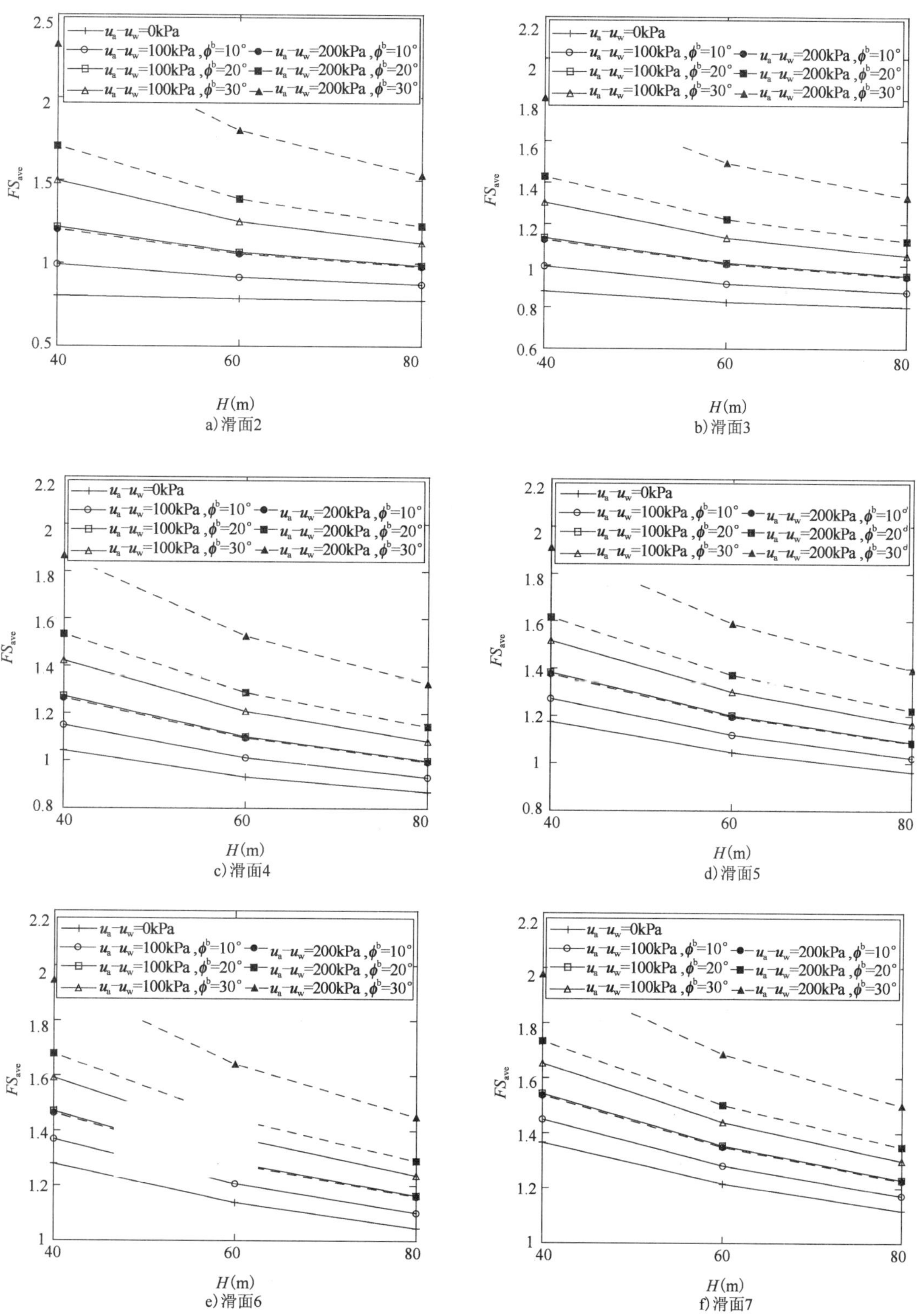

a)滑面2

b)滑面3

c)滑面4

d)滑面5

e)滑面6

f)滑面7

图　4.7

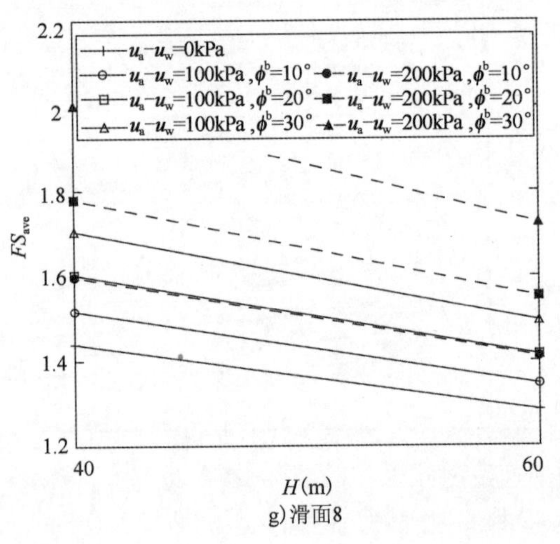

g)滑面8

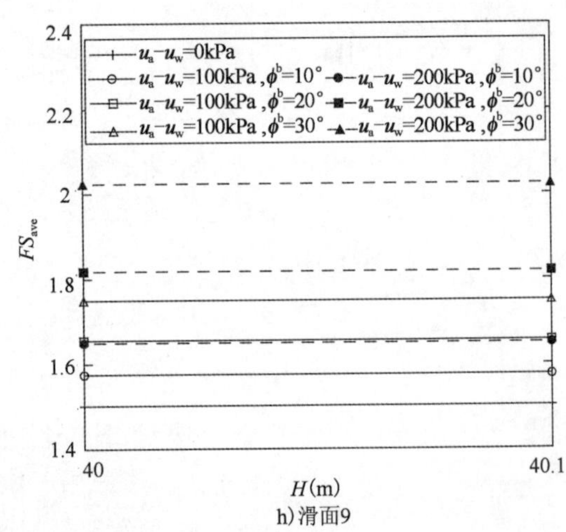

h)滑面9

图4.7 考虑基质吸力影响的局部稳定性系数与 H 关系

(2)各个滑移面的稳定性系数均随着高度 H 增加而减小,其减小的趋势又随着高度 H 的增加而趋于缓和。从稳定性系数变化趋势分析,与重度变化作用时稳定性系数变化趋势相似。分析其原因,虽然增加的滑移体高度产生了下滑力,但其本身体积增加后,总重量增大产生了更大的抵抗下滑的力,即式(2.6)中 $N \cdot \tan\delta$ 的数值增大,因此,填埋体高度 H 虽然增大,其安全系数也不会降低太多。

(3)对于任何一个局部滑移面,考虑基质吸力情况下的稳定性系数比没有考虑的要大;在同样基质吸力时,ϕ^b 越大,稳定性系数越大。

(4)由于卫生填埋场选址条件的限制,卫生填埋场大多处于超期服役的状态,其纵向扩容便成为最直接的获取填埋空间的方法,然而随着时间的增加,填埋体高度的增加,其稳定性系数急剧减小。以滑移面6为例,不考虑基质吸力($u_a - u_w$)时,其稳定性系数从高度为40m时的1.2792下降到高度为80m时的1.0459。

(5)仍以滑移面6为例,考虑基质吸力($u_a - u_w$) = 100kPa,ϕ^b = 20°时,其稳定性系数在高度40m、60m、80m时分别为1.4703、1.2837、1.1639。在60m高度时的稳定性系数仍然大于不考虑基质吸力($u_a - u_w$)时40m高度的稳定性系数。因此,是否考虑基质吸力,直接影响卫生填埋场的纵向扩容,对于评价干旱半干旱地区卫生填埋场的稳定性以及服役年限非常重要。

4.3.4.2 卫生填埋场坡度

为研究多点地震动荷载作用下卫生填埋场坡度对其稳定性的影响规律,计算了卫生填埋场在高度 H = 40m,坡率1:n 分别为1:1.5、1:2、1:2.5、1:3,在填埋体($u_a - u_w$)分别为0kPa、100kPa、200kPa,ϕ^b 分别为10°、20°、30°时的稳定性系数。图4.8为滑移面2、3、4、…、9的稳定性系数随卫生填埋场高度的变化规律。

可以看出:

(1)由于在计算模型中,高度 H = 40m是一定值,针对滑移面7、8、9坡率1:n小到一定程度时将不存在,所以f)、g)、h)三图中横坐标与前几图不同。

u_a-u_w=0kPa
u_a-u_w=100kPa, ϕ^b=10°
u_a-u_w=200kPa, ϕ^b=10°
u_a-u_w=100kPa, ϕ^b=20°
u_a-u_w=200kPa, ϕ^b=20°
u_a-u_w=100kPa, ϕ^b=30°
u_a-u_w=200kPa, ϕ^b=30°
FS_{ave}
n
a)滑面2
b)滑面3
c)滑面4
d)滑面5
e)滑面6
f)滑面7

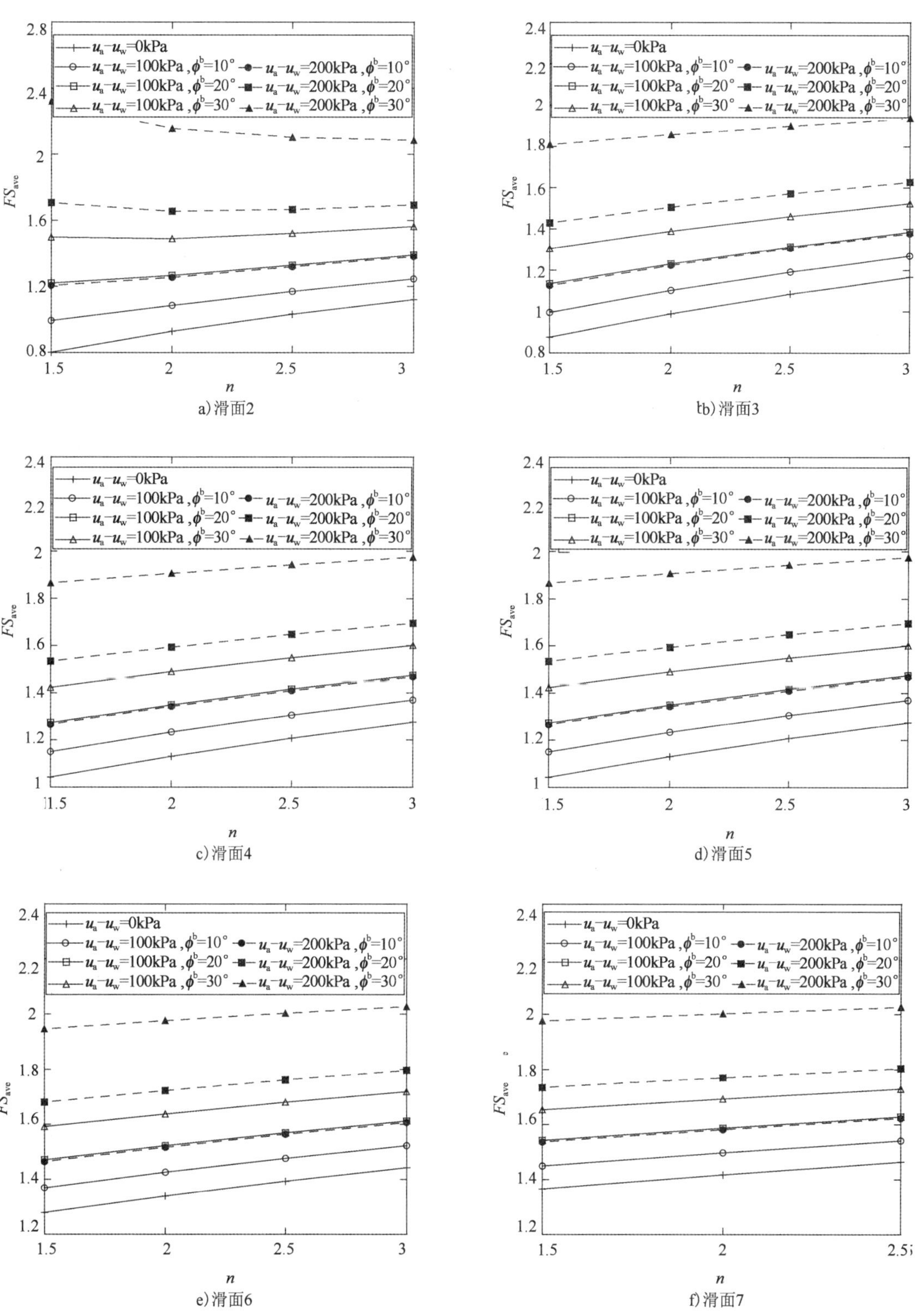

图 4.8

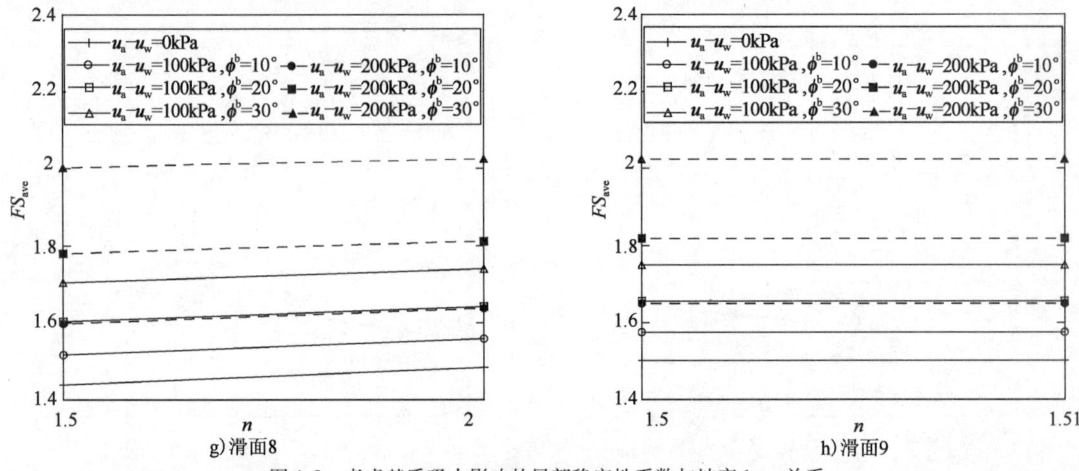

图4.8　考虑基质吸力影响的局部稳定性系数与坡率1∶n关系

(2)在不考虑基质吸力(u_a-u_w)时,随着坡率的变缓各滑移面稳定性系数均表现出增大的趋势,与我们所熟悉的坡率越缓和、稳定性系数越大的规律相同。然而,由于实际填埋中的随意性及无序性,坡度往往越填越大,因此导致稳定性系数越来越减小。

(3)对于任何一个局部滑移面,考虑基质吸力情况下的稳定性系数比没有考虑的要大;在同样基质吸力时,ϕ^b 越大,稳定性系数越大。除了滑面2,其他滑面在考虑基质吸力时的稳定性系数变化规律与不考虑基质吸力时的规律大致相似;而滑面2中,$(u_a-u_w)=200\text{kPa}$, $\phi^b=20°$、30°的稳定性系数变化规律与不考虑基质吸力时的变化规律并不相同,这表明在滑面2处坡率变化改变了基质吸力影响稳定性系数的规律。

4.3.5 地震动峰值加速度参数

为研究多点地震动峰值加速度对卫生填埋场稳定性的影响规律,计算了多点地震动峰值加速度 a_{max} 分别为0.05g、0.1g、0.2g、0.4g,在填埋体(u_a-u_w)分别为0kPa、100kPa、200kPa,ϕ^b 分别为10°、20°、30°时的稳定性系数。图4.9为滑移面2、3、4、…、9的稳定性系数随多点地震动峰值加速度 a_{max} 的变化规律。

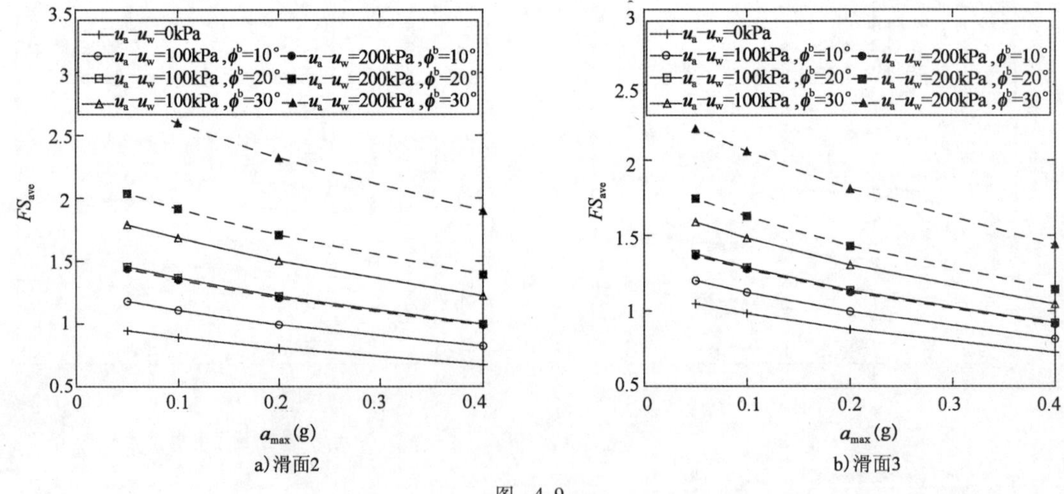

图　4.9

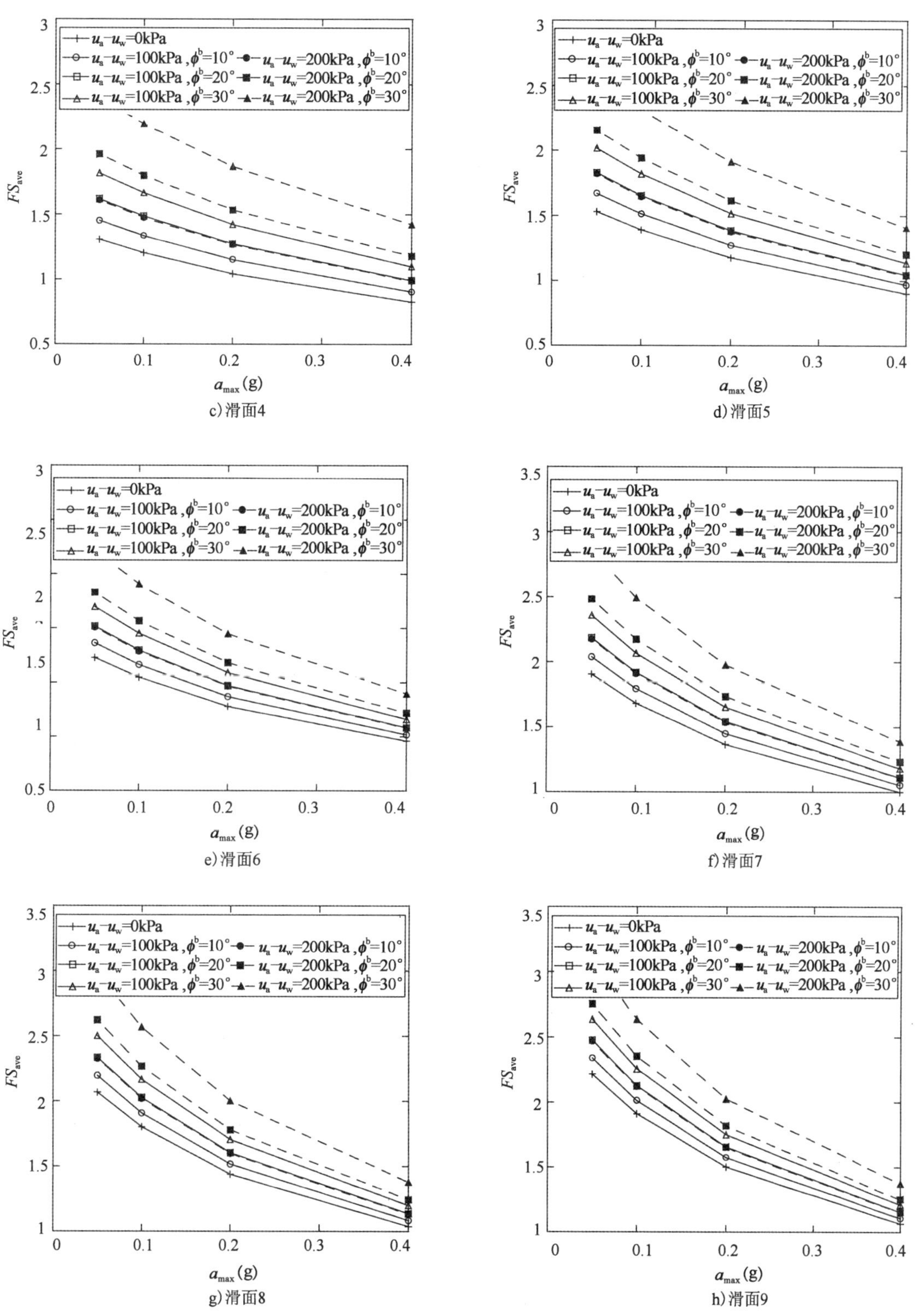

图4.9 考虑基质吸力影响的局部稳定性系数与 a_{max} 关系

可以看出：

(1)随着地震动峰值加速度 a_{max} 的增加，各滑移面稳定性系数减小；

(2)从地震动峰值加速度对各滑移面稳定性系数影响程度可以看出，随滑移体积的增大，其影响程度越大。

4.4 考虑基质吸力影响的卫生填埋场多点地震整体稳定性研究

4.4.1 填埋体强度参数影响分析

为研究多点地震动作用下填埋体强度参数在不同非饱和状态下对卫生填埋场稳定性的影响规律，计算了填埋体黏聚力 c_{sw}，内摩擦角 ϕ_{sw} 在 (u_a-u_w) 分别为 0kPa、100kPa、200kPa，ϕ^b 分别为 10°、20°、30°时的稳定性系数。图 4.10 为整体滑移面的稳定性系数随填埋体黏聚力 c_{sw}（c_{sw} 取值范围为 5kPa、10kPa、15kPa、20kPa、25kPa、30kPa）的变化规律；图 4.11 为整体滑移面的稳定性系数随填埋体内摩擦角 ϕ_{sw}（ϕ_{sw} 取值范围为 20°、30°、40°、50°）的变化规律。

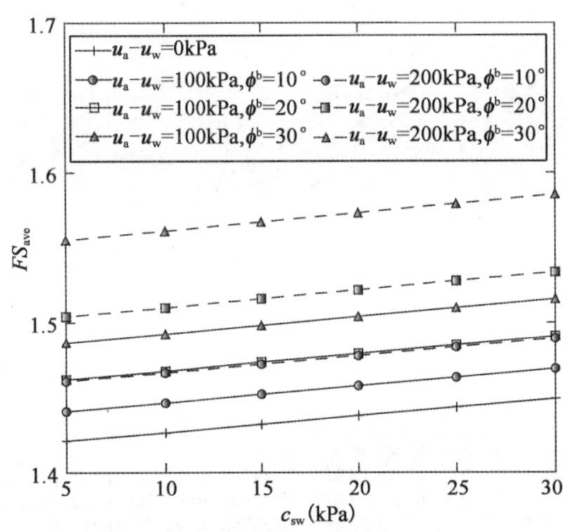

图 4.10 考虑基质吸力影响的整体稳定性系数与 c_{sw} 关系

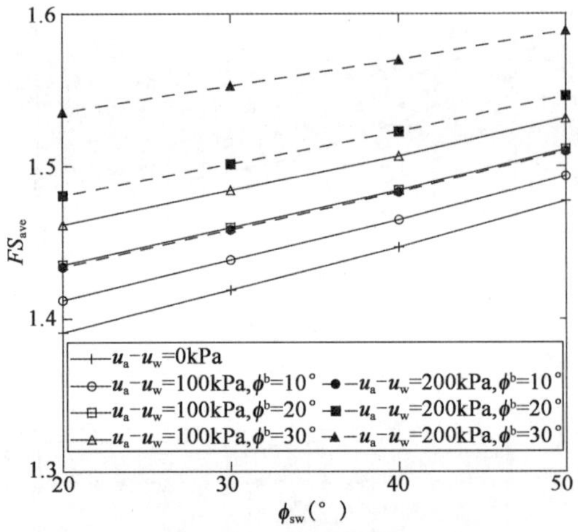

图 4.11 考虑基质吸力影响的整体稳定性系数与 ϕ_{sw} 关系

可以看出：

(1)与局部滑移面的规律相同，不管是否考虑基质吸力 (u_a-u_w)，随填埋体黏聚力 c_{sw}、内摩擦角 ϕ_{sw} 的增大，其稳定性系数增大。然而，随着时间的增加，填埋体的降解导致黏聚力 c_{sw}、内摩擦角 ϕ_{sw} 的减小，稳定性系数将减小。

(2)对于整体滑移面，考虑基质吸力情况下的稳定性系数比没有考虑的要大；在同样基质吸力时，ϕ^b 越大，稳定性系数越大；而且其变化并不呈现线性规律。以图 4.11 中 $\phi_{sw}=40°$ 为例，在 $(u_a-u_w)=200$kPa，ϕ^b 分别为 10°、20°、30° 时，其稳定性系数分别为 1.4829、1.5227、1.5695。

(3)图4.10中稳定性系数的最大值与最小值相差0.1925,而对于局部滑移面稳定性系数最大与最小值分别相差(滑移面由左向右)1.8584、1.2782、1.114、0.9856、0.8835、0.7994、0.7283、0.6673。经对比分析可知,滑移体体积越大,基质吸力对稳定性的增加幅度越小。在稳定性分析时,不能因为考虑了基质吸力增大了稳定性系数而盲目乐观,需对卫生填埋场各个滑移面进行计算分析后确定。

4.4.2 填埋体重度参数影响分析

为研究多点地震动荷载作用下填埋体重度参数在不同非饱和状态下对卫生填埋场稳定性的影响规律,计算了填埋体重度 γ_{sw} 分别为原来的1、1.5、2倍时,在 $(u_a - u_w)$ 分别为0kPa、100kPa、200kPa, ϕ^b 分别为10°、20°、30°时的稳定性系数。图4.12为整体滑移稳定性系数随填埋体重度 γ_{sw} 的变化规律。

可以看出:

(1)不管是否考虑基质吸力 $(u_a - u_w)$,随时间增加, γ_{sw} 的增大,其稳定性系数都呈减小趋势,但其稳定性系数变化斜率逐渐趋于缓慢,并且这种变化在 $(u_a - u_w)$ 越大, ϕ^b 越大时越明显。

(2)之所以出现稳定性系数变化斜率趋于缓慢的现象,分析其原因,重度增加致使下滑力增大的同时更增大了抵抗下滑的力,即式(2.6)中 $N\cdot\tan\delta$ 的数值增大,因此 γ_{sw} 虽然增大,其安全系数也不会降低太多。

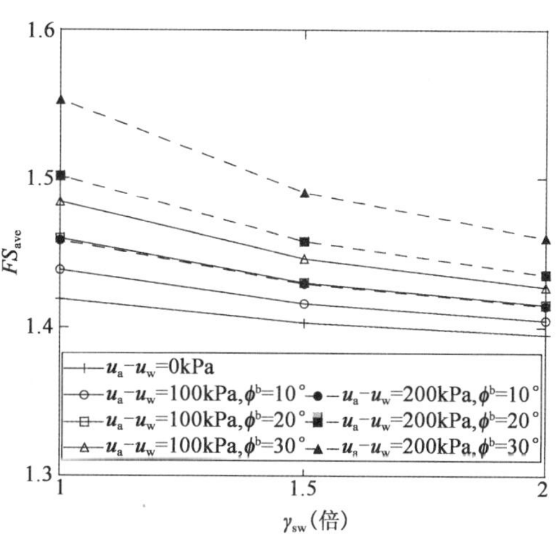

图4.12 考虑基质吸力影响的整体稳定性系数与 γ_{sw} 关系

4.4.3 卫生填埋场衬垫接触面力学参数

为研究多点地震动荷载作用下填埋体与衬垫接触面力学参数对卫生填埋场稳定性的影响规律,计算了主动块、被动块与衬垫接触面黏聚力 c_a、c_p 分别为0kPa、1kPa、2kPa、3kPa、4kPa、5kPa,摩擦角 δ_a、δ_p 分别为10°、15°、20°、25°、30°时,在填埋体 $(u_a - u_w)$ 分别为0kPa、100kPa、200kPa, ϕ^b 分别为10°、20°、30°时的稳定性系数。图4.13、图4.14为整体滑移稳定性系数随被动块与衬垫接触面 c_p、δ_p 的变化规律;图4.15、图4.16为整体滑移稳定性系数随主动块与衬垫接触面 c_a、δ_a 的变化规律。

可以看出:

(1)随接触面黏聚力 c_a、c_p,摩擦角 δ_a、δ_p 的增大,其稳定性系数增大。这表明,衬垫接触面的性能变化与卫生填埋场整体滑移稳定性系数的变化是同趋势的。

(2)对比分析图4.13、图4.15可以看出,被动块与衬垫接触面黏聚力 c_p 对稳定性系数的影响大于主动块与衬垫接触面黏聚力 c_a。在不考虑基质吸力, c_a、c_p 均从0增加到5kPa时,其稳定性系数变化分别为1.409~1.4254、1.3843~1.4418。这表明被动块与衬垫接触面黏聚力对稳定性系数的影响大于主动块与衬垫接触面黏聚力。

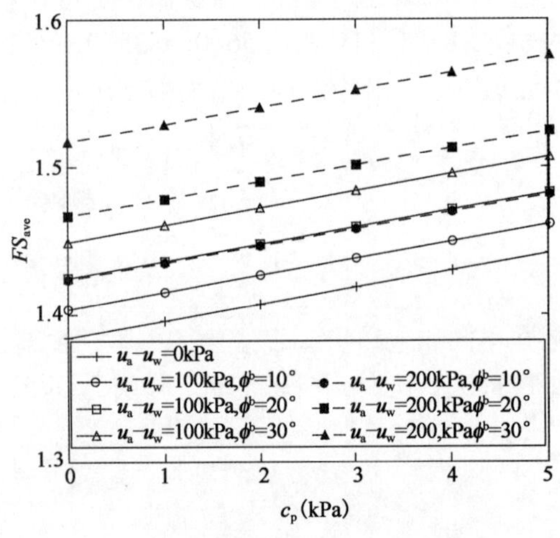

图 4.13 考虑基质吸力影响的整体稳定性系数与 c_p 关系

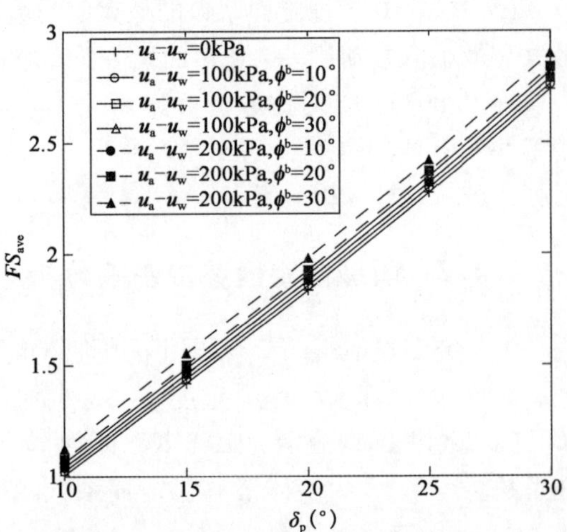

图 4.14 考虑基质吸力影响的整体稳定性系数与 δ_p 关系

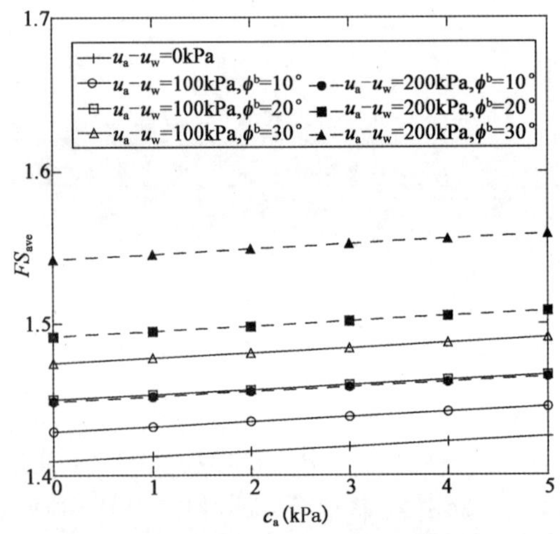

图 4.15 考虑基质吸力影响的整体稳定性系数与 c_a 关系

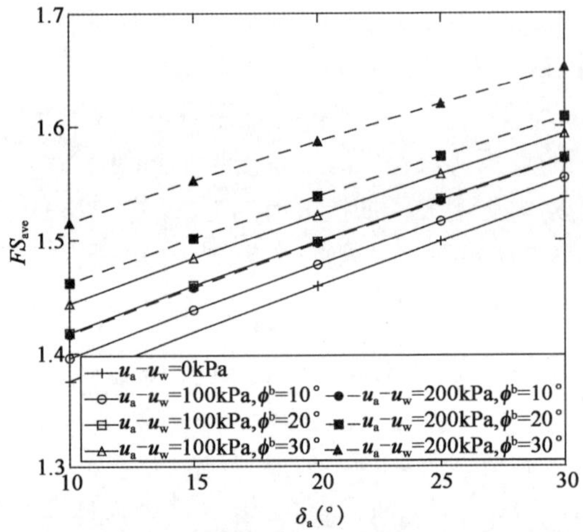

图 4.16 考虑基质吸力影响的整体稳定性系数与 δ_a 关系

(3)对比分析图 4.14、图 4.16 可以看出，被动块与衬垫接触面摩擦角 δ_p 对稳定性系数的影响大于主动块与衬垫接触面摩擦角 δ_a。在不考虑基质吸力，δ_a、δ_p 均从 10°增加到 30°时，其稳定性系数变化分别为 1.3754 ~ 1.5375、1.0059 ~ 2.7391。这表明被动块与衬垫接触面摩擦角对稳定性系数的影响大于主动块与衬垫接触面摩擦角。

4.4.4 卫生填埋场几何外形参数

4.4.4.1 卫生填埋场高度

为研究多点地震动荷载作用下卫生填埋场高度对其稳定性的影响规律，计算了卫生填埋

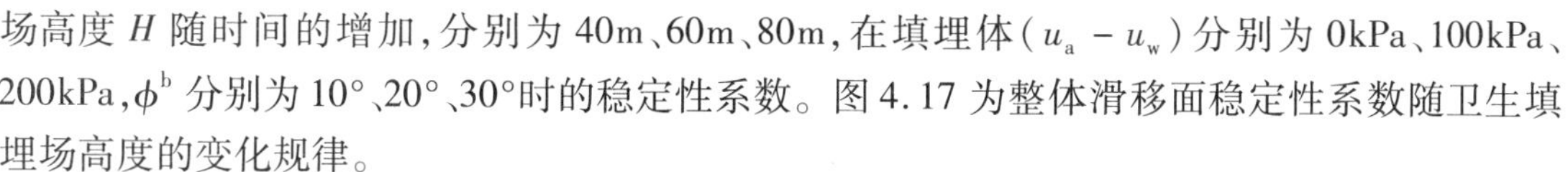

场高度 H 随时间的增加，分别为 40m、60m、80m，在填埋体（$u_a - u_w$）分别为 0kPa、100kPa、200kPa，ϕ^b 分别为 10°、20°、30°时的稳定性系数。图 4.17 为整体滑移面稳定性系数随卫生填埋场高度的变化规律。

可以看出：

（1）稳定性系数均随着高度 H 增加而减小，其减小的趋势又随着高度 H 的增加而趋于缓和。

（2）从稳定性系数变化趋势分析，与重度变化作用时稳定性系数变化趋势相似。分析其原因，虽然增加的滑移体高度产生了下滑力，但其本身体积增加后，总重量增大产生了更大的抵抗下滑的力，即（式 2.6）中 $N \cdot \tan\delta$ 的数值增大，因此，填埋体高度 H 虽然增大，其安全系数也不会降低太多。

（3）与局部滑移面相似，在稳定性分析计算中考虑基质吸力可以提高稳定性系数，直接影响卫生填埋场的纵向扩容设计，对于评价干旱半干旱地区卫生填埋场的稳定性及服役年限非常重要。

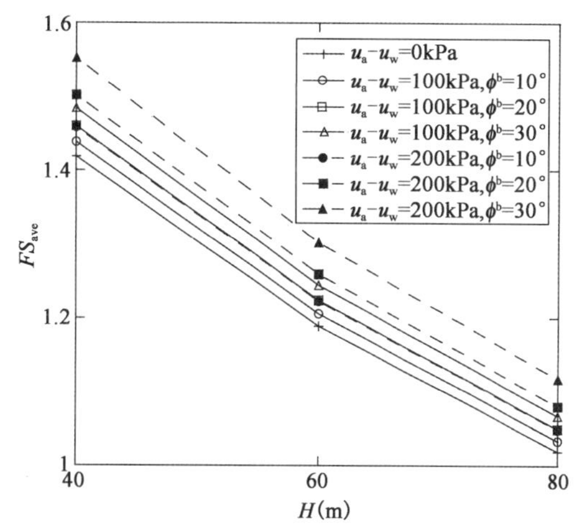

图 4.17　考虑基质吸力影响的整体稳定性系数与 H 关系

4.4.4.2　卫生填埋场坡度

为研究多点地震动荷载作用下卫生填埋场坡度对其稳定性的影响规律，计算了卫生填埋场在高度 H=40m，坡率 1∶n 分别为 1∶1.5、1∶2、1∶2.5、1∶3，在填埋体（$u_a - u_w$）分别为 0kPa、100kPa、200kPa，ϕ^b 分别为 10°、20°、30°时的稳定性系数。图 4.18 为整体滑移面稳定性系数随卫生填埋场高度的变化规律。

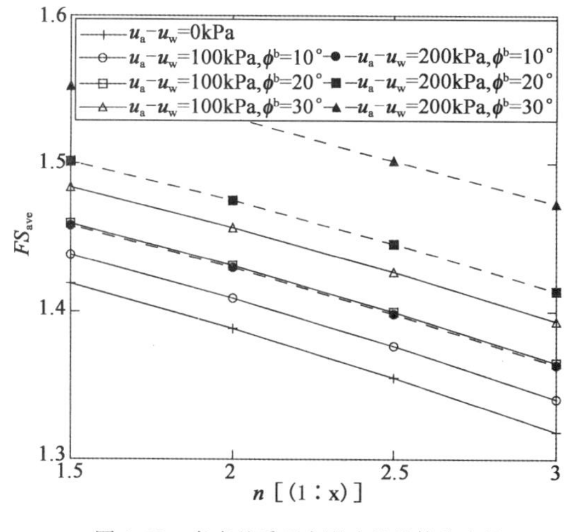

图 4.18　考虑基质吸力影响的整体稳定性系数与坡率 1∶n 关系

可以看出：

（1）不管是否考虑基质吸力（$u_a - u_w$），随着坡率的变缓，整体滑移面稳定性系数表现为减小的趋势，与我们所熟悉的坡率越缓和，稳定性系数越大的规律截然相反。分析其原因，由于坡度变缓，卫生填埋场被动块体积及重量减小，其抵抗下滑的力量也随之减小，所以出现图 4.18所示的规律。

（2）对于整体滑移，考虑基质吸力情况下的稳定性系数比没有考虑的要大；在同样基质吸力时，ϕ^b 越大，稳定性系数越大；考虑基质吸力时的稳定性系数变化规律与不考虑基质吸力时的规律大致相似。

4.4.5 地震峰值加速度参数

为研究多点地震动峰值加速度对卫生填埋场稳定性的影响规律，计算了多点地震动峰值加速度 a_{max} 分别为0.05g、0.1g、0.2g、0.4g，在填埋体 (u_a-u_w) 分别为0kPa、100kPa、200kPa，ϕ^b 分别为10°、20°、30°时的稳定性系数。图4.19为整体滑移面稳定性系数随多点地震动峰值加速度 a_{max} 的变化规律。

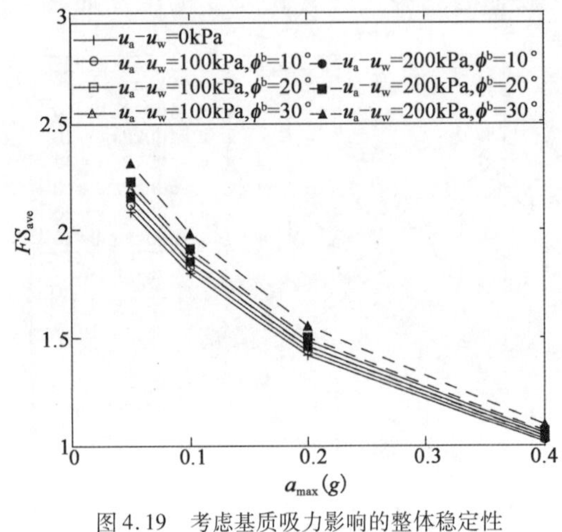

图4.19 考虑基质吸力影响的整体稳定性系数与 a_{max} 关系

可以看出：

(1)不管是否考虑基质吸力 (u_a-u_w)，随着地震动峰值加速度 a_{max} 的增加，整体滑移面稳定性系数表现为减小的趋势。

(2)对于整体滑移，考虑基质吸力情况下的稳定性系数比没有考虑的要大；在同样基质吸力时，ϕ^b 越大，稳定性系数越大；考虑基质吸力时的稳定性系数变化规律与不考虑基质吸力时的规律大致相似。

4.5 考虑基质吸力影响的卫生填埋场多点地震滑移形式分析

通过前文的分析可以看出，卫生填埋场的稳定性不仅受填埋体强度、重度、衬垫接触面力学参数、几何外形等参数影响，在干旱半干旱地区更受基质吸力的影响。

局部滑移中，滑移面3是其稳定性系数最小的滑移面。本节通过对比局部滑移面3与整体滑移面的稳定性系数，研究多点地震动作用下基质吸力对卫生填埋场滑移形式的影响。本节仍以4.3节中所确定的计算参数为基础。

4.5.1 填埋体强度参数不同时基质吸力对滑移形式的影响

图4.20、图4.21分别表示填埋体黏聚力 c_{sw}、内摩擦角 ϕ_{sw} 参数不同时，基质吸力对滑移稳定性系数的影响。

可以看出：

(1)图4.20a)表示 $(u_a-u_w)=100$kPa，c_{sw} 在0~30kPa变化时，局部与整体滑移稳定性系数对比。在此状态下除 $c_{sw}=30$kPa，$\phi^b\geqslant28°$ 外，局部滑移稳定性系数均小于整体滑移稳定性系数，可以认为对于本节所确定的卫生填埋场，在基质吸力 $(u_a-u_w)\leqslant100$kPa 时滑移形式为局部滑移。

(2)图4.20b)表示 $(u_a-u_w)=200$kPa，c_{sw} 在0~30kPa变化时，局部与整体滑移稳定性系

数对比。在 ϕ^b 值较小时，局部滑移稳定性系数仍小于整体滑移稳定性系数。当 ϕ^b 达到某一特定值时（$c_{sw}=10\text{kPa},\phi^b=20°$；$c_{sw}=20\text{kPa},\phi^b=18°$；$c_{sw}=30\text{kPa},\phi^b=15°$；随 c_{sw} 的增大，ϕ^b 值减小），整体滑移稳定性系数将小于局部滑移稳定性系数。

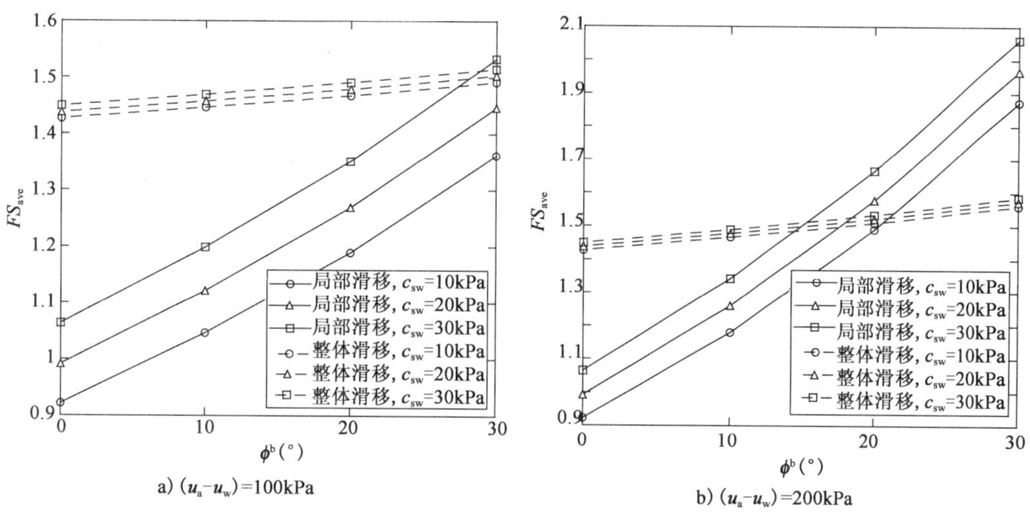

图 4.20　基质吸力作用下 c_{sw} 变化对滑移形式的影响

（3）对于图 4.21a）、b），ϕ_{sw} 变化对稳定性系数的影响也有同 c_{sw} 相似的规律。

（4）如果以安全系数 1.3 作为评价卫生填埋场是否稳定的临界值[174]，那么图 4.20、图 4.21 均表现为整体滑移安全，局部滑移稳定性系数随 ϕ^b 值增加的变化幅度较大。在实际运营管理中，要特别防止局部滑移的产生。

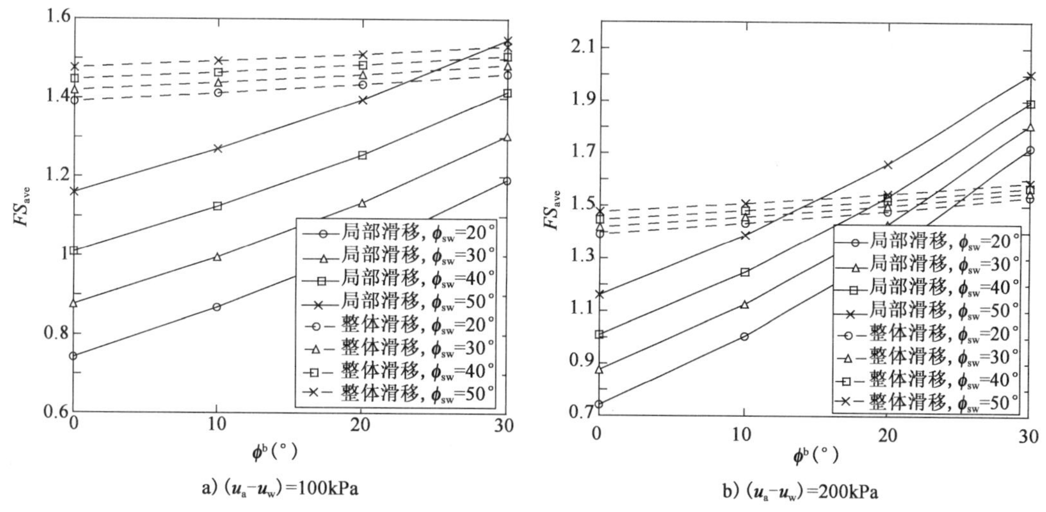

图 4.21　基质吸力作用下 ϕ_{sw} 变化对滑移形式的影响

4.5.2　填埋体重度参数不同时基质吸力对滑移形式的影响

图 4.22 表示填埋体重度 γ_{sw} 参数不同时，基质吸力对滑移稳定性系数的影响。

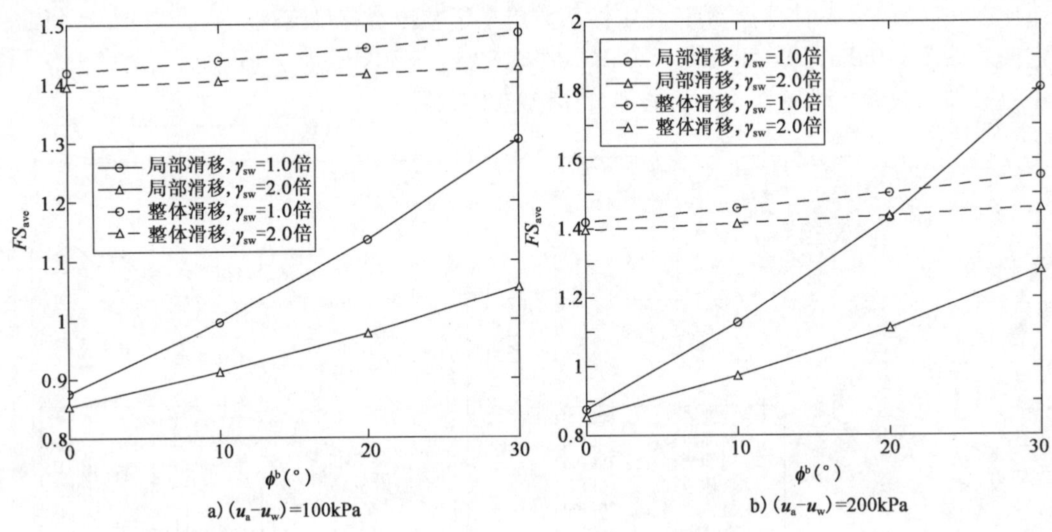

图 4.22 基质吸力作用下 γ_{sw} 变化对滑移形式的影响

可以看出：

(1)通过图 4.22 中稳定性系数的斜率可知，基质吸力对应的摩擦角 ϕ^b 对局部滑移稳定性系数的影响明显大于整体滑移，并且随着填埋体重度 γ_{sw} 的增大，这种区别越大。表明其他参数相同时，整体滑移稳定性系数对于 ϕ^b 值变化不如局部滑移稳定性系数敏感。

(2)通过对比图 4.22a)、b)中稳定性系数，局部滑移稳定性系数除了在 $(u_a - u_w)$ = 200kPa、γ_{sw} = 1.0 倍、$\phi^b \geqslant 15°$外，均小于整体滑移稳定性系数。可以认为对于本节所确定的卫生填埋场，在 $\gamma_{sw} \leqslant 3.0$ 倍，基质吸力 $(u_a - u_w) \leqslant 200$kPa 时，滑移形式以局部滑移为主。

4.5.3 衬垫接触面力学参数不同时基质吸力对滑移形式的影响

图 4.23、图 4.24 表示在填埋体底部衬垫接触面力学参数 c_p、δ_p 不同时，基质吸力对滑移稳定性系数的影响。

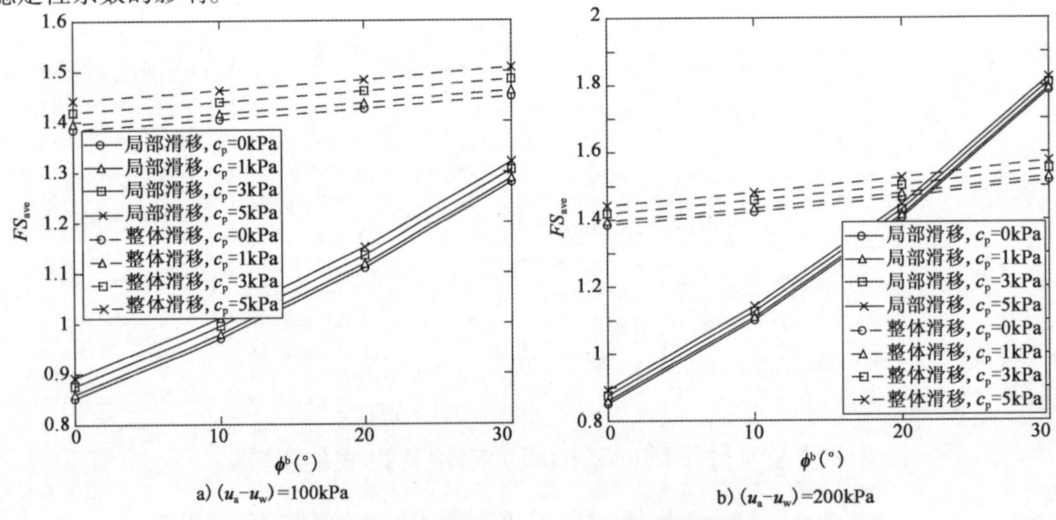

图 4.23 基质吸力作用下 c_p 变化对滑移形式的影响

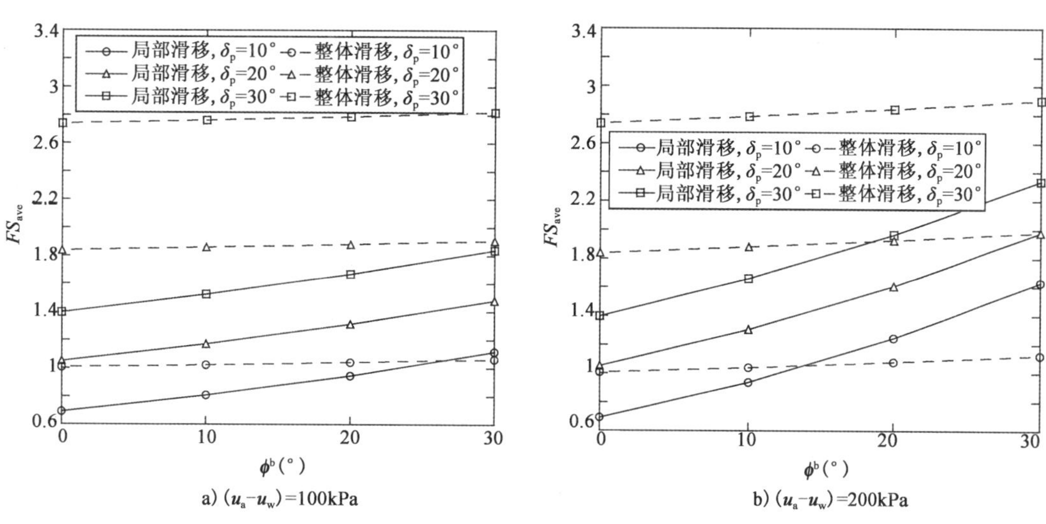

图 4.24 基质吸力作用下 δ_p 变化对滑移形式的影响

可以看出：

(1)图 4.23a)中$(u_a - u_w) = 100$kPa,c_p 取 0 ~ 5kPa,整体滑移稳定性系数均大于 1.3,且大于局部滑移稳定性系数。同时,基质吸力对应的摩擦角 ϕ^b 较小时,局部滑移稳定性系数小于 1.0。因此,此时失稳形式为局部滑移。

(2)图 4.23b)中$(u_a - u_w) = 200$kPa,c_p 取 0 ~ 5kPa,整体与局部滑移稳定性系数大小关系虽然在 $\phi^b = 23°$左右发生变化,但是整体滑移稳定性系数均大于 1.3,局部滑移稳定性系数却在某段内小于 1.0。因此,此时失稳形式仍为局部滑移。

(3)图 4.24a)中,$(u_a - u_w) = 100$kPa,在衬垫接触面摩擦角 δ_p 为 10° ~ 30°,$\phi^b = 0°$时,局部滑移稳定性系数为 0.691 ~ 1.396,整体滑移稳定性系数为 1.005 ~ 2.739。当 $\phi^b = 10°$时,局部滑移稳定性系数为 0.808 ~ 1.525,整体滑移稳定性系数为 1.022 ~ 2.763,稳定性系数略有增加。此时仍以局部滑移为主。

(4)对于图 4.24 中所示稳定性系数在 1.3 以下的部分(即 $\delta_p = 10°$),对比整体与局部滑移稳定性系数可知,稳定性系数差值随 ϕ^b 变化而改变符号。在实际运营中,要特别注意这种整体与局部滑移稳定性系数均小于 1 的情况,对两种滑移形式都应做好防护措施,不能因为某一种滑移形式的稳定性系数小而忽视另一种滑移形式发生的可能性。

4.5.4 几何外形参数不同时基质吸力对滑移形式的影响

图 4.25、图 4.26 分别表示在填埋体高度 H、坡率 1∶n 不同时,基质吸力对滑移稳定性系数的影响。

可以看出：

(1)图 4.25a)中,局部滑移稳定性系数均小于整体滑移稳定性系数;而图 4.25b)中,随着高度 H 与 ϕ^b 的增加,整体与局部滑移稳定性系数的大小关系发生变化。这说明在卫生填埋场扩容时更要兼顾整体与局部滑移稳定。

(2)如果以安全系数1.3[174]作为评价卫生填埋场是否稳定的临界值,图4.26中整体滑移稳定性系数均大于1.3,处于稳定状态;而局部滑移稳定性系数在ϕ^b值较小时小于1.3。这说明卫生填埋场坡率1∶n主要影响的仍是局部滑移稳定。

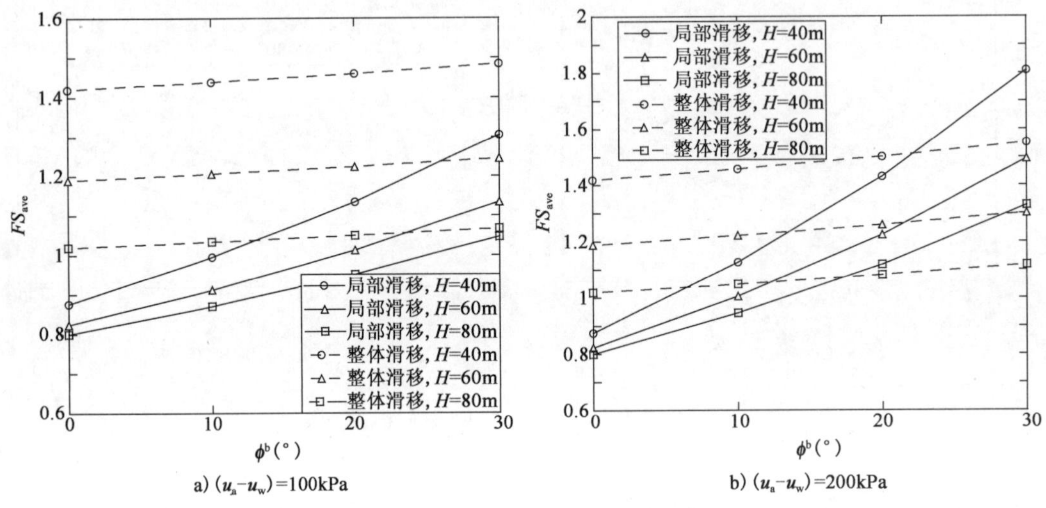

图4.25　基质吸力作用下H变化对滑移形式的影响

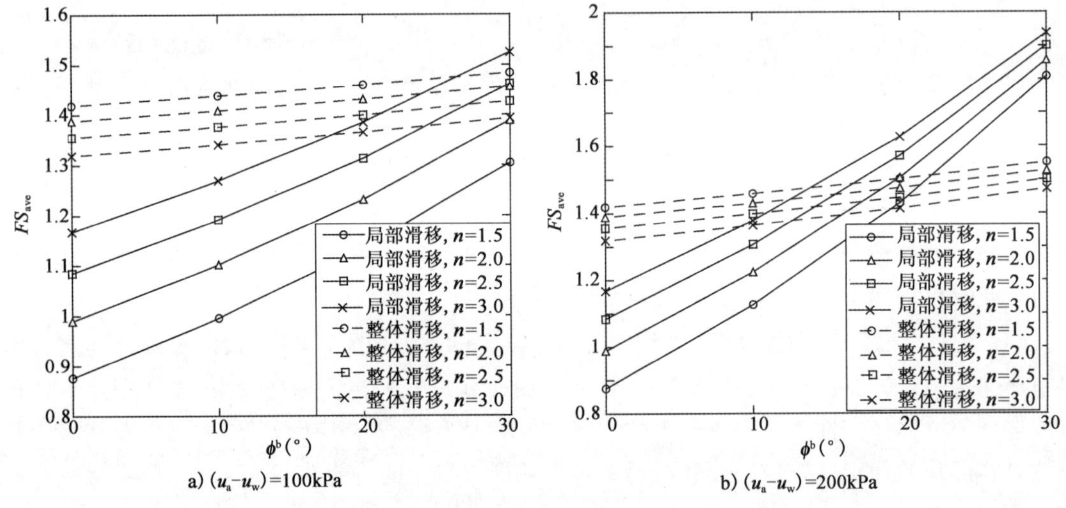

图4.26　基质吸力作用下坡率1∶n变化对滑移形式的影响

4.5.5　地震动峰值加速度不同时基质吸力对滑移形式的影响

图4.27表示在地震动峰值加速度a_{max}不同时,基质吸力对滑移稳定性系数的影响。图4.27a)中,局部滑移稳定性系数均小于整体滑移稳定性系数;而b)中,随着地震动峰值加速度a_{max}与ϕ^b的增加,整体与局部滑移稳定性系数的大小关系发生变化。

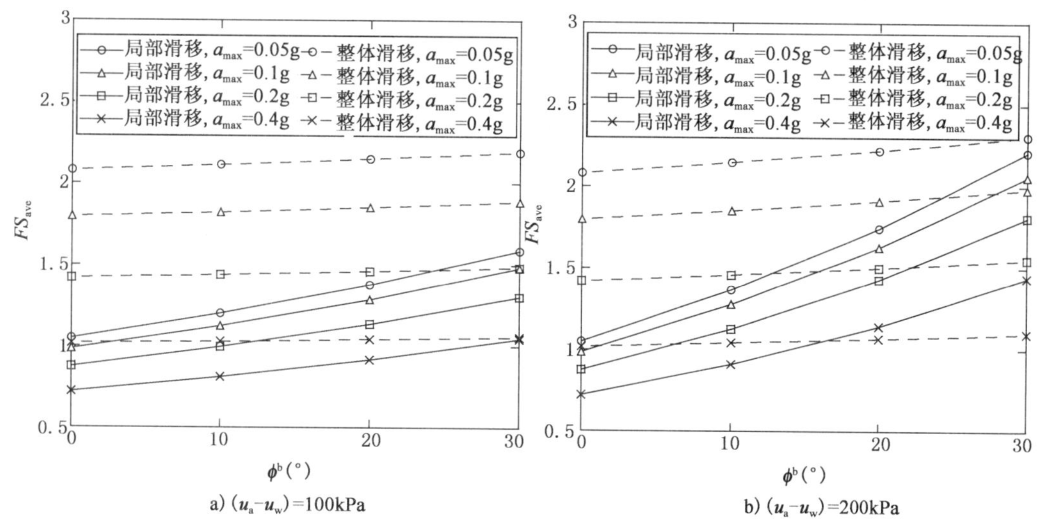

图4.27　基质吸力作用下地震动峰值加速度 a_{max} 变化对滑移形式的影响

4.6 本章小结

本章在前文建立的卫生填埋场多点地震动稳定性分析的基础上,通过借鉴非饱和土力学相关理论,建立了适合干旱半干旱地区卫生填埋场稳定性分析的方法。并利用该方法,通过大量的数值计算,分析了填埋体强度、重度、衬垫接触面力学参数、填埋场几何外形参数的时间变化性对多点地震动作用下卫生填埋场局部、整体稳定性的影响规律。得出以下主要结论:

(1)对于局部或整体滑移面,随 c_{sw}、ϕ_{sw} 的增大,其稳定性系数增大;但其稳定性系数增大的趋势随着滑移面的右移而呈放缓趋势,填埋体强度参数对局部滑移稳定性的影响随着局部滑移体积的增大而呈减小趋势。在考虑基质吸力 (u_a-u_w) 时,卫生填埋场局部、整体滑移稳定性系数均会增加;但是局部滑移稳定性系数随基质吸力增加的变化幅度较大。在实际运营管理中,要特别防止局部滑移的产生。

(2)不考虑基质吸力 (u_a-u_w) 时,对于局部或整体滑移面,随重度 γ_{sw} 的增大,其稳定性系数近似呈线性减小;从稳定性系数变化的数值来看,重度变化对卫生填埋场的影响不是很大。但在考虑基质吸力 (u_a-u_w) 时,对于任何一个局部滑移面,随 γ_{sw} 的增大,其稳定性系数变化斜率逐渐趋于缓慢,并且这种变化在 (u_a-u_w) 越大、ϕ^b 越大时越明显,基质吸力的存在明显改变了重度对稳定性系数的影响规律。

(3)卫生填埋场底部、背部衬垫接触面黏聚力、摩擦角与稳定性系数均为同号增减,就其影响稳定性的程度来说,底部衬垫接触面力学参数 c_p、δ_p 的影响程度明显大于背部衬垫接触面对稳定性的影响。在卫生填埋场衬垫选择时,应根据实测试验数据,首先选用接触面摩擦角 δ_p 较大的衬垫。

(4)当整体与局部滑移稳定性系数均小于1的情况(例如 $\delta_p\leqslant10°$),局部与整体稳定性系数差值随基质吸力变化而改变符号。在实际运营中,要特别注意,对两种滑移形式都应做好防护措施,不能因为某一种滑移形式的稳定性系数小而忽视另一种滑移形式发生的可能性。

(5)由于卫生填埋场选址条件的限制,卫生填埋场大多处于超期服役的状态,其纵向扩容便成为最直接的获取填埋空间的方法。但是随着填埋体高度 H 的增加,局部与整体滑移稳定性系数急剧减小,其减小的趋势又随着高度 H 的增加而趋于缓和;然而考虑基质吸力时,其稳定性系数有较大提高。因此,是否考虑基质吸力,直接影响卫生填埋场的纵向扩容,对于评价干旱半干旱地区卫生填埋场的稳定性非常重要。

(6)局部滑移稳定性系数随着坡率的变缓而增大,与我们所熟悉的坡率越缓和,稳定性系数越大的规律相同;而整体滑移稳定性系数随着坡率的变缓而减小,与局部滑移稳定性系数变化规律截然相反。如果以安全系数1.3作为评价卫生填埋场是否稳定的临界值,整体滑移稳定性系数均大于1.3,处于稳定状态;而局部滑移稳定性系数在 ϕ^{b} 值较小时小于1.3。因此,卫生填埋场坡率 $1:n$ 主要影响的仍是局部滑移稳定。

第5章 考虑渗滤液影响的卫生填埋场多点地震稳定性分析

5.1 引 言

渗滤液主要由卫生填埋场范围的降水渗透、地下水侵入和填埋体本身所含的水分形成。卫生填埋场渗滤液产出量受下列因素影响:当地降雨量、蒸发量、蒸腾量、场地类型、地下水补给量、地表水入渗量、填埋体本身的含水率、封顶覆盖、填埋作业方式等。其中,最主要影响因素是难以预测的降水量,这种情况在降雨较多的湿润地区尤为突出。

按照美国环境保护局规定,卫生填埋场内设有渗滤液收集排放系统,渗滤液向下流动到达填埋体底部的渗滤液收集排放系统或其下的渗漏检测系统,在具有一定坡度的土工膜或黏土衬垫上积聚并向渗滤液收集管流动,由渗滤液收集管排至填埋体外。卫生填埋场运营期间,一般限制导排层上的水头不大于30cm。然而实际上,早先的卫生填埋场根本没有渗滤液收集排放系统,任由渗滤液在填埋体内积聚;即使建立了渗滤液收集排放系统的卫生填埋场,渗滤液收集管也会随运行年限增长而发生不同程度的淤堵,导致渗滤液在导排层上大量积聚,形成的潜水位可达几米甚至几十米。

目前,填埋场导排层渗滤液水头计算研究主要集中在对最大饱和水头的估算,即导排层中稳态流计算。McEnroe 等(1988)[179]描述了填埋场中渗滤液的稳定流。McEnroe 等(1993)[180]给出了计算导排层上浸润水头的最大值的计算公式。Qian 等(2004)[181]在浸润面势函数相等理论提出的等效渗透系数的基础上推导出了成层介质中渗滤液最大饱和深度的计算方法。柯瀚等(2005)[182]基于标准 Dupuit 假定的方法给出了成层介质中渗滤液饱和深度的迭代方法。

本章在前文建立的卫生填埋场多点地震动稳定性分析的基础上,建立了适合湿润地区卫生填埋场稳定性分析的方法(该部分已发表在 SCI 期刊[183]),并利用该方法,通过大量的数值计算,分析了卫生填埋场稳定性影响因素的变化性对稳定性系数时影响规律。

采用 Qian(2008)[102]建立的渗滤液水头压力计算方法,假定渗滤液水平分布(如图5.1所示),其作用在背部、底部衬垫上的压力可通过以下公式计算。

$$U_{HA}=U_{HP}=0.5\cdot\rho_w\cdot g\cdot h_w^2 \tag{5.1}$$

$$U_{NA}=0.5\cdot\rho_w\cdot g\cdot h_w^2/\sin\beta \tag{5.2}$$

$$U_{NP}=\rho_w\cdot g\cdot(h_w+0.5\cdot L\cdot\tan\theta) \tag{5.3}$$

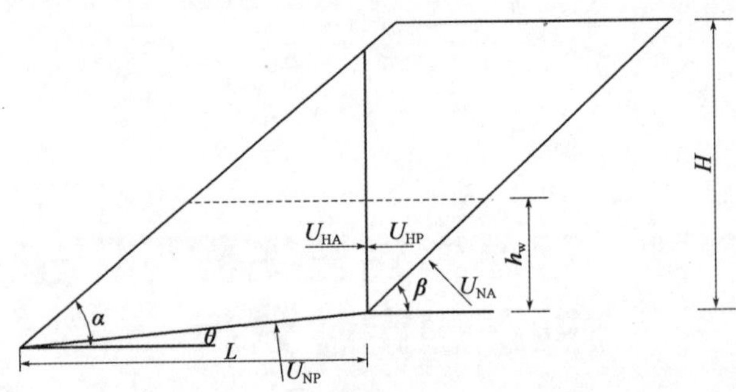

图 5.1　卫生填埋场中渗滤液分布示意图

5.2　考虑渗滤液影响的卫生填埋场多点地震稳定性分析方法的建立

5.2.1　局部滑移方法的建立及求解

被动楔体在 y 方向上满足力的平衡条件,可得:

$$W_P + E_{VP} + Q_{VP} = N_P \cdot \cos\theta + U_{NP} \cdot \cos\theta + F_P \cdot \sin\theta \tag{5.4}$$

$$F_P = C_P / FS_P + N_P \cdot \tan\delta_p / FS_P \tag{5.5}$$

$$E_{VP} = C_{SW} / FS_V + E_{HP} \cdot \tan\phi_{SW} / FS_V \tag{5.6}$$

这里假设:

$$m_{sw} = \tan\phi_{SW} / FS_V \tag{5.7}$$

$$n_{sw} = C_{SW} / FS_V \tag{5.8}$$

将式(5.7)、式(5.8)代入式(5.6)得:

$$E_{VP} = n_{sw} + E_{HP} \cdot m_{sw} \tag{5.9}$$

将式(5.5)、式(5.9)代入式(5.4)得:

$$W_P + Q_{VP} + n_{sw} + E_{HP} \cdot m_{sw} = N_P \cdot (\cos\theta + \sin\theta \cdot \tan\delta_p / FS_P) + C_P \cdot \sin\theta / FS_P + U_{NP} \cdot \cos\theta \tag{5.10}$$

被动楔体在 x 方向上满足力的平衡条件,可得:

$$F_P \cdot \cos\theta = E_{HP} + Q_{HP} + U_{HP} + N_P \cdot \sin\theta + U_{NP} \cdot \sin\theta \tag{5.11}$$

将式(5.5)代入式(5.11)得:

$$N_P \cdot (\cos\theta \cdot \tan\delta_p / FS_P - \sin\theta) = E_{HP} + Q_{HP} + U_{HP} + U_{NP} \cdot \sin\theta - C_P \cdot \cos\theta / FS_P \tag{5.12}$$

将式(5.12)代入式(5.10)得:

$$E_{HP} = [(Q_{HP} + U_{HP}) \cdot (\cos\theta + \sin\theta \cdot \tan\delta_P / FS_P) - (W_P + Q_{VP} + n_{sw}) \cdot (\cos\theta \cdot \tan\delta_P / FS_P - \sin\theta) + U_{NP} \cdot \tan\delta_P / FS_P - C_P / FS_P] / (m_{sw} \cdot \cos\theta \cdot \tan\delta_P / FS_P - \sin\theta \cdot m_{sw} - \cos\theta - \sin\theta \cdot \tan\delta_P / FS_P) \tag{5.13}$$

主动楔体在 y 方向上满足力的平衡条件,可得:

$$W_A + Q_{VA} = F_A \cdot \sin\beta + N_A \cdot \cos\beta + U_{NA} \cdot \cos\beta + E_{VA} \tag{5.14}$$

$$F_A = C_A/FS_A + N_A \cdot \tan\delta_a/FS_A \tag{5.15}$$

$$E_{VA} = C_{SW}/FS_V + E_{HA} \cdot \tan\phi_{SW}/FS_V \tag{5.16}$$

将式(5.7)、式(5.8)代入式(5.16)得:

$$E_{VA} = n_{sw} + E_{HA} \cdot m_{sw} \tag{5.17}$$

将式(5.15)、式(5.16)代入式(5.14)得:

$$N_A \cdot (\cos\beta + \sin\beta \cdot \tan\delta_a/FS_A) = W_A + Q_{VA} - C_A \cdot \sin\beta/FS_A - U_{NA} \cdot \cos\beta - n_{sw} - E_{HA} \cdot m_{sw} \tag{5.18}$$

主动楔体在 x 方向上满足力的平衡条件,可得:

$$F_A \cdot \cos\beta + E_{HA} + U_{HA} = N_A \cdot \sin\beta + U_{NA} \cdot \sin\beta + Q_{HA} \tag{5.19}$$

将式(5.15)代入式(5.19)得:

$$N_A \cdot (\cos\beta \cdot \tan\delta_a/FS_A - \sin\beta) = U_{NA} \cdot \sin\beta + Q_{HA} - C_A \cdot \cos\beta/FS_A - E_{HA} - U_{HA} \tag{5.20}$$

将(5.20)代入式(5.18)得:

$$\begin{aligned} E_{HA} = {} & [(W_A + Q_{VA} - n_{sw}) \cdot (\cos\beta \cdot \tan\delta_a/FS_A - \sin\beta) + C_A/FS_A - U_{NA} \cdot \tan\delta_a/FS_A - \\ & (Q_{HA} - U_{HA}) \cdot (\cos\beta + \sin\beta \cdot \tan\delta_a/FS_A)]/ \\ & (m_{sw} \cdot \cos\beta \cdot \tan\delta_a/FS_A - m_{sw} \cdot \sin\beta - \cos\beta - \sin\beta \cdot \tan\delta_a/FS_A) \end{aligned} \tag{5.21}$$

根据前章的假设及其分析,卫生填埋场的最大安全系数 FS_{max},最小安全系数 FS_{min} 可以通过下式计算。

$$\begin{aligned} FS_{max} = {} & [(Q_{HP} + U_{HP}) \cdot (\cos\theta + \sin\theta \cdot \tan\delta_P/FS) - (W_P + Q_{VP} + C_{SW}/FS) \cdot (\cos\theta \cdot \tan\delta_P/FS - \\ & \sin\theta) + U_{NP} \cdot \tan\delta_P/FS - C_P/FS]/(\cos\theta \cdot \tan\phi_{SW} \cdot \tan\delta_P/FS^2 - \cos\theta - \sin\theta \cdot \tan\delta_P/FS - \\ & \tan\phi_{SW} \cdot \sin\theta/FS) \\ = {} & [(W_A + Q_{VA} - C_{SW}/FS) \cdot (\cos\beta \cdot \tan\delta_a/FS - \sin\beta) + C_A/FS - U_{NA} \cdot \tan\delta_a/FS - (Q_{HA} - \\ & U_{HA}) \cdot (\cos\beta + \sin\beta \cdot \tan\delta_a/FS)]/(\cos\beta \cdot \tan\phi_{SW} \cdot \tan\delta_a/FS^2 - \cos\beta - \sin\beta \cdot \tan\delta_a/FS - \\ & \tan\phi_{SW} \cdot \sin\beta/FS) \end{aligned} \tag{5.22}$$

$$\begin{aligned} FS_{min} = {} & [(W_P + Q_{VP}) \cdot (\cos\theta \cdot \tan\delta_P/FS - \sin\theta) - (Q_{HP} + U_{HP}) \cdot (\cos\theta + \sin\theta \cdot \tan\delta_P/FS) - \\ & U_{NP} \cdot \tan\delta_P/FS + C_P/FS]/(\cos\theta + \sin\theta \cdot \tan\delta_P/FS) \\ = {} & [Q_{HA} - U_{HA}) \cdot (\cos\beta + \sin\beta \cdot \tan\delta_a/FS) - (W_A + Q_{VA}) \cdot (\cos\beta \cdot \tan\delta_a/FS - \sin\beta) + \\ & U_{NA} \cdot \tan\delta_a/FS - C_A/FS]/(\cos\beta + \sin\beta \cdot \tan\delta_a/FS) \end{aligned} \tag{5.23}$$

由于渗滤液的存在影响填埋体重度,因此卫生填埋场形体参数计算如下:$(H + L \cdot \tan\theta)/\tan\alpha \leqslant L$ 时,

$$C_{SW} = c_{sw} \cdot H \tag{5.24}$$

$$C_A = c_a \cdot H/\sin\beta \tag{5.25}$$

$$C_P = c_p \cdot L/\cos\theta \tag{5.26}$$

$$W_A = 0.5 \cdot \rho_{sw} \cdot g \cdot H^2/\tan\beta + 0.5 \cdot (\rho_{sw(sat)} - \rho_{sw}) \cdot g \cdot h_w^2/\tan\beta \tag{5.27}$$

$$\begin{aligned} W_P = {} & 0.5 \cdot \rho_{sw} \cdot g \cdot [2L - (H + L \cdot \tan\theta)/\tan\alpha - (h_w + L \cdot \tan\theta)/\tan\alpha] \cdot (H - h_w) + \\ & 0.5 \cdot \rho_{sw(sat)} \cdot g \cdot [L - (h_w + L \cdot \tan\theta)/\tan\alpha + L] \cdot (h_w + L \cdot \tan\theta) - 0.5 \cdot \\ & \rho_{sw(sat)} \cdot g \cdot L \cdot L \cdot \tan\theta \end{aligned} \tag{5.28}$$

$(H + L \cdot \tan\theta)/\tan\alpha > L$ 时,

$$C_{SW} = c_{sw} \cdot L \cdot (\tan\alpha - \tan\theta) \tag{5.29}$$

$$C_A = c_a \cdot H/\sin\beta \tag{5.30}$$

$$C_P = c_p \cdot L/\cos\theta \tag{5.31}$$

$$W_A = 0.5 \cdot \rho_{sw} \cdot g \cdot H^2/\tan\beta + 0.5 \cdot [\rho_{sw(sat)} - \rho_{sw}] \cdot g \cdot h_w^2/\tan\beta - 0.5 \cdot \rho_{sw} \cdot g \cdot (H - L \cdot \tan\alpha + L \cdot \tan\theta)^2/\tan\alpha \tag{5.32}$$

$$W_P = 0.5 \cdot \rho_{sw} \cdot g \cdot L^2 \cdot (\tan\alpha - \tan\theta) - 0.5 \cdot \rho_{sw(sat)} \cdot g \cdot L^2 \cdot \tan\theta - 0.5 \cdot [\rho_{sw(sat)} - \rho_{sw}] \cdot g \cdot (L \cdot \tan\alpha - L \cdot \tan\theta - h_w)^2/\tan\alpha \tag{5.33}$$

式中：c_a、δ_a——填埋体背部与衬垫接触面力学参数。由于局部滑移中滑移面在填埋体内部，因此，c_a、δ_a 取值应为：$c_a = c_{sw}$，$\delta_a = \phi_{SW}$。

5.2.2 整体滑移方法的建立及求解

整体滑移计算可参考局部滑移计算方法，整体滑移稳定计算时 c_a、δ_a 所表示意义及取值与第四章相同，为填埋体背部与衬垫接触面力学参数。

5.3 考虑渗滤液影响的卫生填埋场多点地震局部稳定性研究

计算参数基准取值见表 3.2。下文针对某一影响因素分析时，只改变该影响因素的取值，其他参数仍按表 3.2 取值，地震动峰值加速度 $a_{max} = 0.2g$。滑移面划分如图 3.6 所示，局部滑移面为滑面 2、3、4、…、9。

5.3.1 填埋体强度参数影响分析

为研究多点地震动荷载作用下填埋体强度参数在不同渗滤液高度下对卫生填埋场稳定性的影响规律，计算了填埋体黏聚力 c_{sw} 分别为 5kPa、10kPa、15kPa、20kPa、25kPa、30kPa 时在 h_w 分别为 0m、5m、10m、15m、20m 时的稳定性系数。图 5.2 为局部滑移面 2、3、4、…、9 的稳定性系数随填埋体黏聚力 c_{sw} 的变化规律。

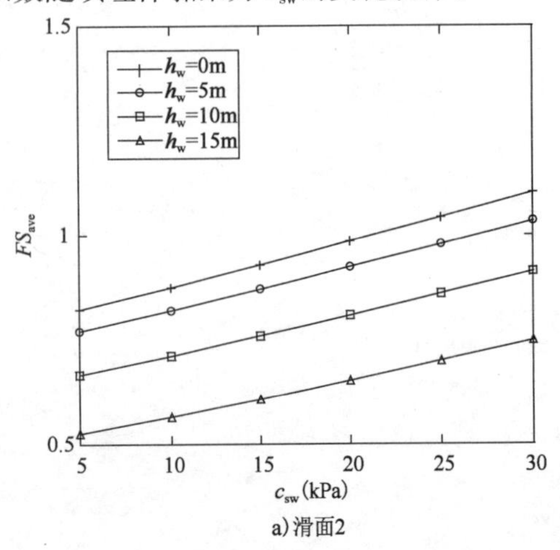

a)滑面2

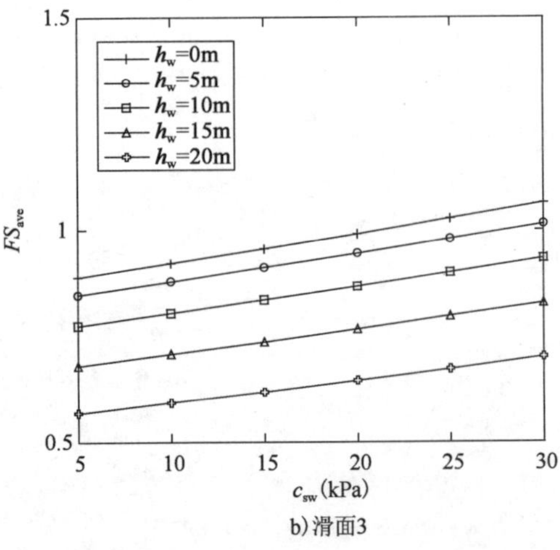

b)滑面3

图 5.2

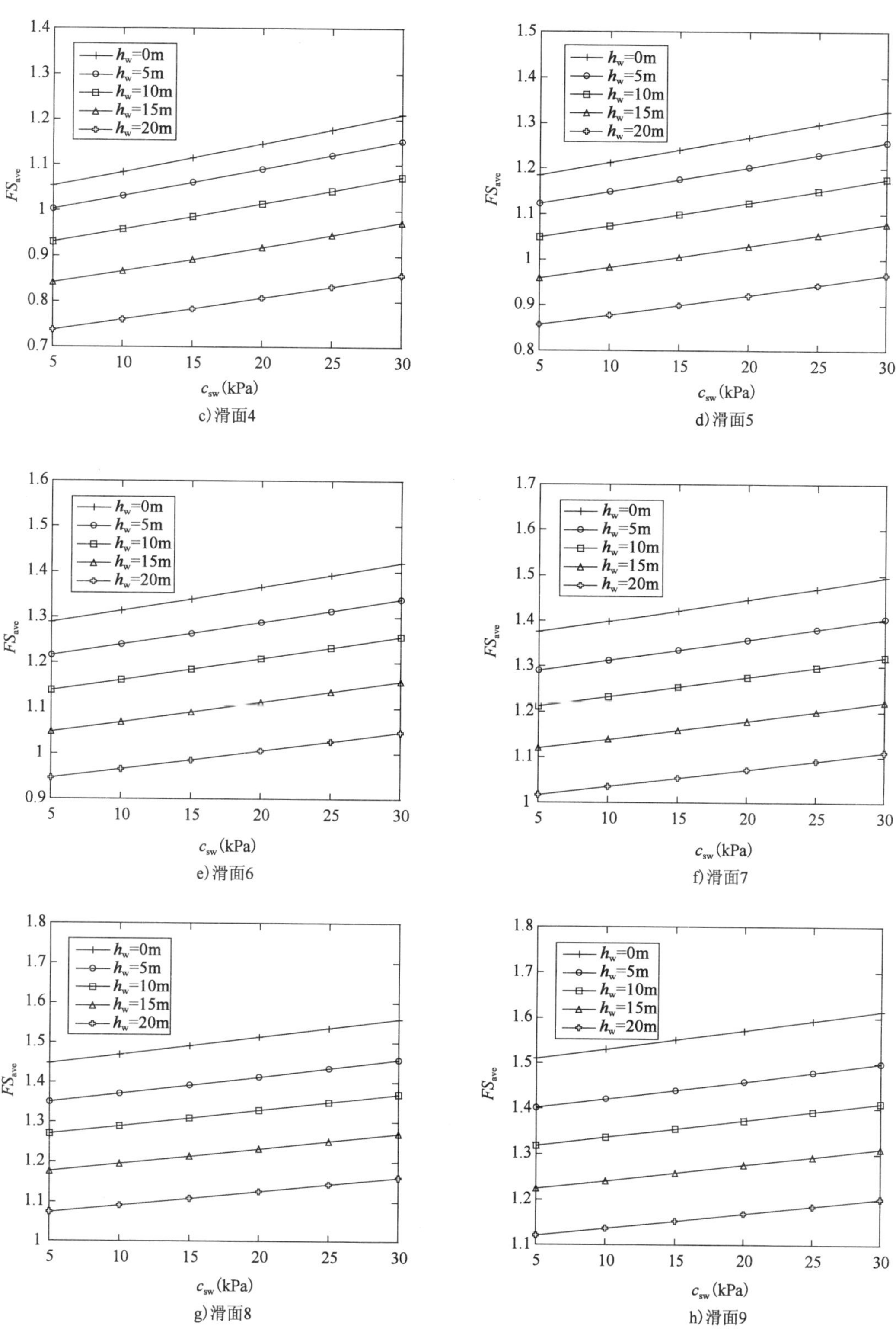

c)滑面4　d)滑面5　e)滑面6　f)滑面7　g)滑面8　h)滑面9

图5.2　考虑渗滤液影响的局部稳定性系数与c_{sw}关系

可以看出：

(1)随 c_{sw} 的增大和滑移面的右移，局部滑移面稳定性系数增大。但稳定性系数增大的趋势随着滑移面的右移而呈放缓趋势，从 $h_w=0$，各滑面 $c_{sw}=30\text{kPa}$ 与 $c_{sw}=5\text{kPa}$ 的差值可以很明显地看出(其差值分别为0.2798、0.1749、0.1563、0.1416、0.1298、0.1199、0.1114、0.104)。这说明黏聚力对局部滑移稳定性的影响随着局部滑移体积的增大而呈减小趋势。在计算的局部滑移体体积较小时，应特别重视填埋体黏聚力 c_{sw} 的作用。

(2)对于任何一个局部滑移面，随着渗滤液水位 h_w 的增加，稳定性系数呈加速减小的趋势，这种趋势在滑面2～5中表现得非常明显。但在滑面6～9中表现得并不明显(近似于等差递减)。这表明在卫生填埋场高度 H 相同时，随着滑移体体积的增大，渗滤液水位 h_w 对其稳定性影响渐趋稳定。

(3)不管是否考虑渗滤液的作用，随着滑移面的右移，局部滑移面的稳定性系数呈现出一直增大的规律，而不是基质吸力作用下表现出的先减小后增大的规律。这表明对于不同气候区域的卫生填埋场，稳定性系数变化可能是截然不同的，有必要分区域情况分别讨论。

为研究多点地震动荷载作用下填埋体强度参数在不同渗滤液高度下对卫生填埋场稳定性的影响规律，计算了填埋体内摩擦角 ϕ_{sw} 分别为20°、30°、40°、50°，h_w 分别为0m、5m、10m、15m、20m时的稳定性系数。图5.3为局部滑移面2、3、4、…、9的稳定性系数随填埋体内摩擦角 ϕ_{sw} 的变化规律。

可以看出：

(1)随着 ϕ_{sw} 的增大和滑移面的右移，局部滑移面的稳定性系数增大。但稳定性系数增大的趋势随着滑移面的右移而呈放缓趋势，从 $h_w=0$，各滑面 $\phi_{sw}=50°$ 与 $\phi_{sw}=20°$ 的差值可以很明显地看出(其差值分别为0.4911、0.4802、0.453、0.4222、0.392、0.3636、0.3372、0.3129)。这说明填埋体内摩擦角 ϕ_{sw} 对局部滑移稳定性的影响随着局部滑移体积的增大而呈减小趋势。在计算的局部滑移体体积较小时，应特别重视填埋体内摩擦角 ϕ_{sw} 作用。

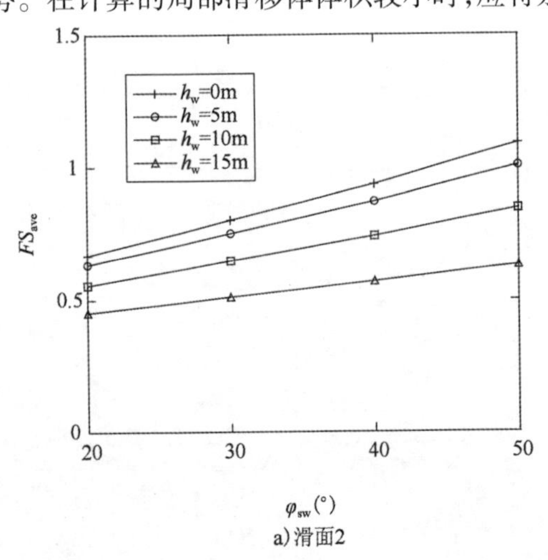

a)滑面2

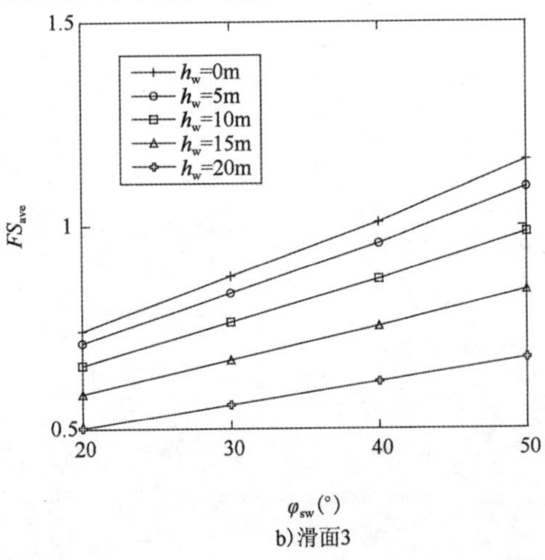

b)滑面3

图 5.3

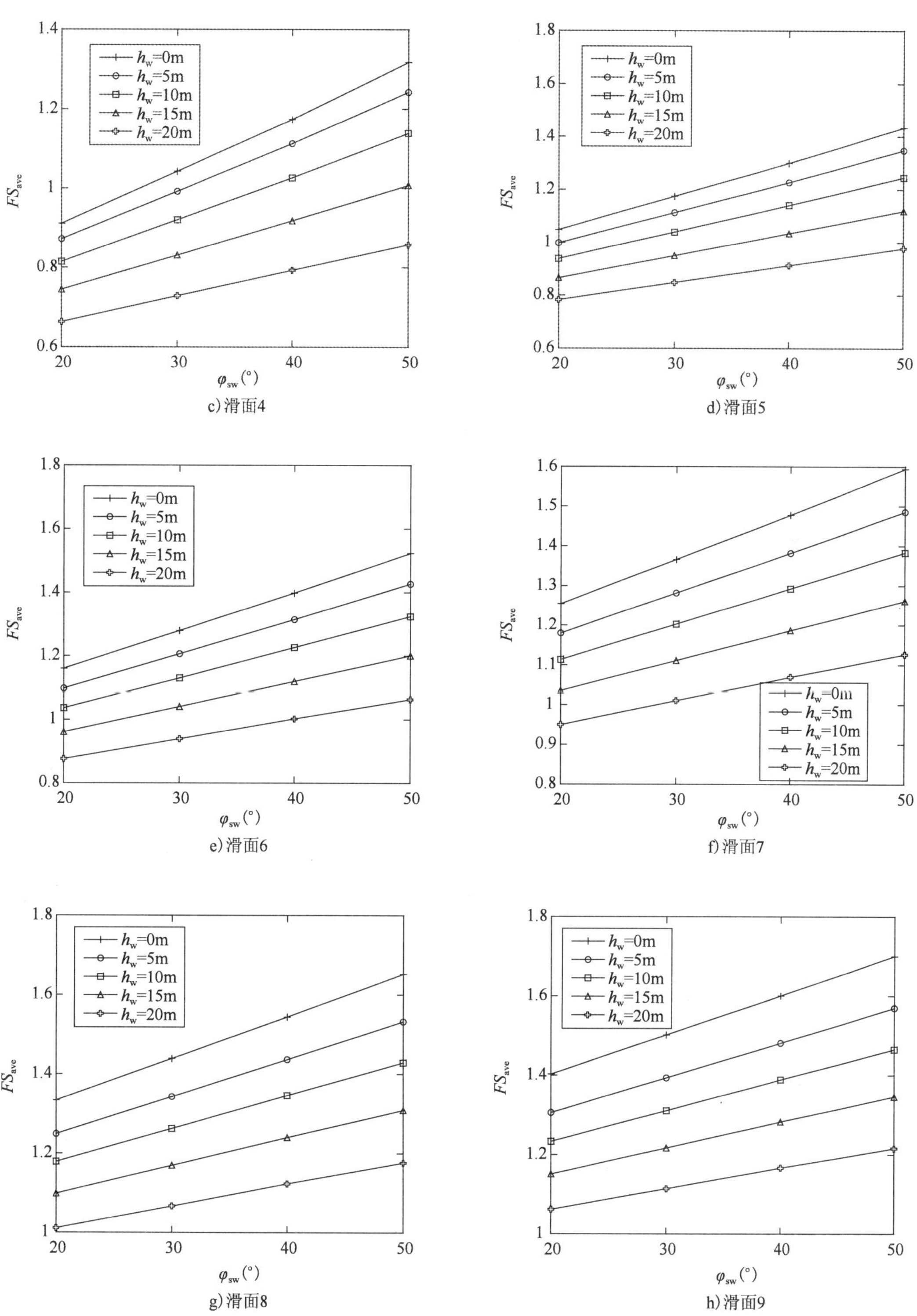

图 5.3　考虑渗滤液影响的局部稳定性系数 FS 与 ϕ_{sw} 关系

(2)对于任何一个局部滑移面,随着渗滤液水位 h_w 的增加,稳定性系数呈加速减小的趋势,这种趋势在滑面2~5中表现得非常明显,但在滑面6~9中表现得并不明显(近似于等差递减),与图5.2中所表现的趋势大致相似。

(3)不管是否考虑渗滤液的作用,随着滑移面的右移,局部滑移面的稳定性系数表现出一直增大的规律,而不是基质吸力作用下表现出的先减小后增大的规律。这表明对于不同气候区域的卫生填埋场,稳定性系数变化可能是截然不同的,有必要分区域情况分别讨论。

5.3.2 填埋体重度参数影响分析

为研究多点地震动荷载作用下填埋体重度参数在不同渗滤液高度下对卫生填埋场稳定性的影响规律,计算了填埋体重度 γ_{sw} 分别为原来的1、1.5、2倍时,在 h_w 分别为0m、5m、10m、15m、20m时的稳定性系数。图5.4为滑移面2、3、4、…、9的稳定性系数随填埋体重度 γ_{sw} 的变化规律。

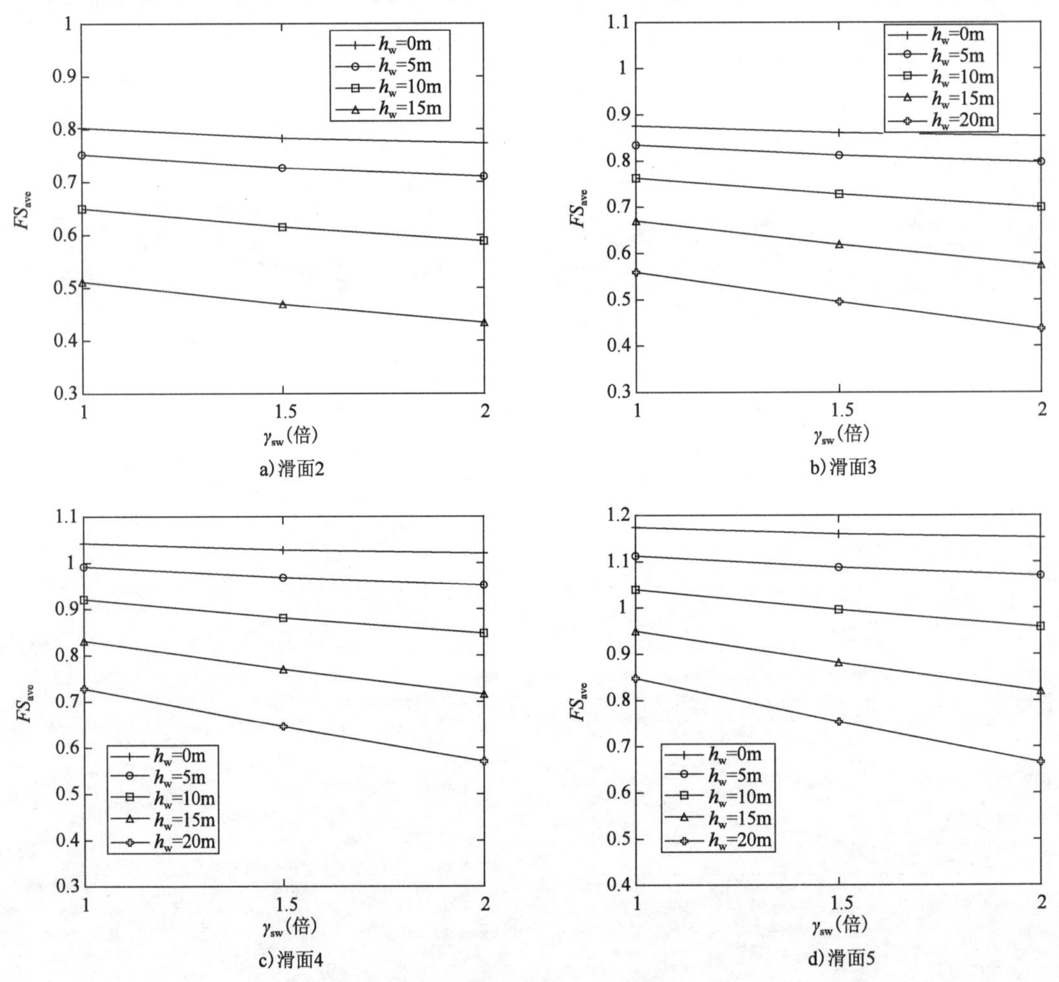

图 5.4

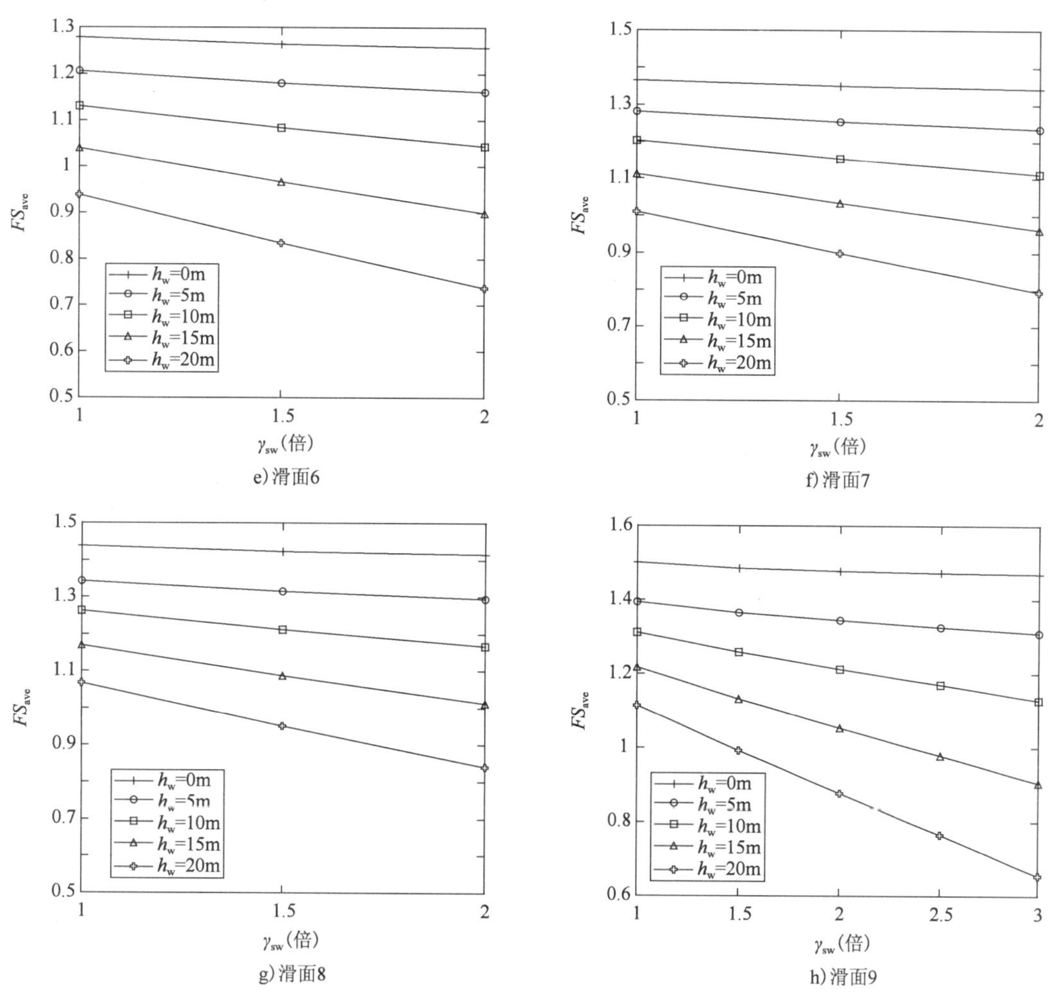

e)滑面6　f)滑面7　g)滑面8　h)滑面9

图5.4　考虑渗滤液影响的局部稳定性系数与γ_{sw}关系

可以看出：

(1)对于每一个局部滑移面，其安全系数都随渗滤液水位增加呈递减趋势，并且这种递减趋势随γ_{sw}的增大而加剧。

(2)随着滑移面的右移和h_w的增加，γ_{sw}对稳定性影响的程度增大。在h_w=0m时，γ_{sw}从1倍增加到2倍，滑移面2、3、4、…、9的稳定性系数变化近似水平，这说明在无渗滤液状态时，重度的增加对稳定性系数的影响并不显著。而h_w=20m时，γ_{sw}从1倍增加到2倍，其稳定性系数的差值逐渐增大。

(3)对于相同的γ_{sw}和h_w工况，随着滑移面的右移，其安全系数均呈增大趋势，这说明渗滤液作用下，局部滑移面稳定性系数最小值出现在滑面2位置。

5.3.3　卫生填埋场衬垫接触面力学参数

为研究多点地震动荷载作用下填埋体与衬垫接触面力学参数对卫生填埋场稳定性的影响规律，计算了被动块与衬垫接触面黏聚力c_p分别为0kPa、1kPa、2kPa、3kPa、4kPa、5kPa，摩擦角

δ_p 分别为 10°、15°、20°、25°、30°，h_w 分别为 0m、5m、10m、15m、20m 时的稳定性系数。图 5.5 为滑移面 2、3、4、…、9 的稳定性系数随衬垫接触面黏聚力 c_p 的变化规律，图 5.6 为滑移面 2、3、4、…、9 的稳定性系数随衬垫接触面摩擦角 δ_p 的变化规律。

可以看出：

(1)对于任何一个局部滑移面，随接触面黏聚力 c_p、摩擦角 δ_p 的增大，其稳定性系数增大。就其影响稳定性的程度来说，接触面摩擦角 δ_p 的影响程度明显大于黏聚力 c_p 对稳定性的影响。这说明在选择卫生填埋场衬垫时，应根据实测试验数据，优先选用接触面摩擦角 δ_p 较大的衬垫。

(2)随着渗滤液水位 h_w 的增加，由图 5.5a) ~ d)可以明显地看出稳定性系数呈加速减小趋势，而 e) ~ h)中稳定性系数则表现为均匀减小。这表明渗滤液的存在改变了原有卫生填埋场稳定性系数的变化规律，在计算分析时需全面考虑。

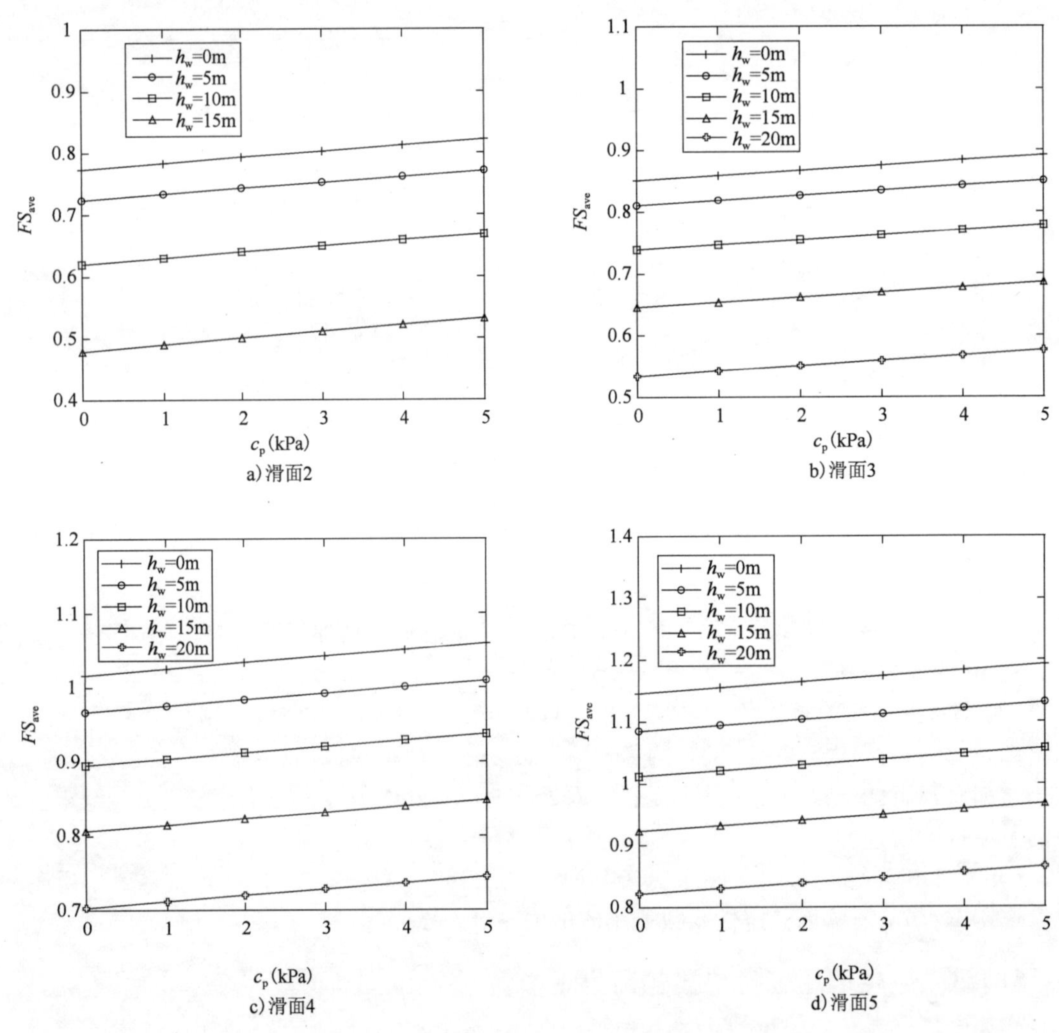

a)滑面2　b)滑面3　c)滑面4　d)滑面5

图　5.5

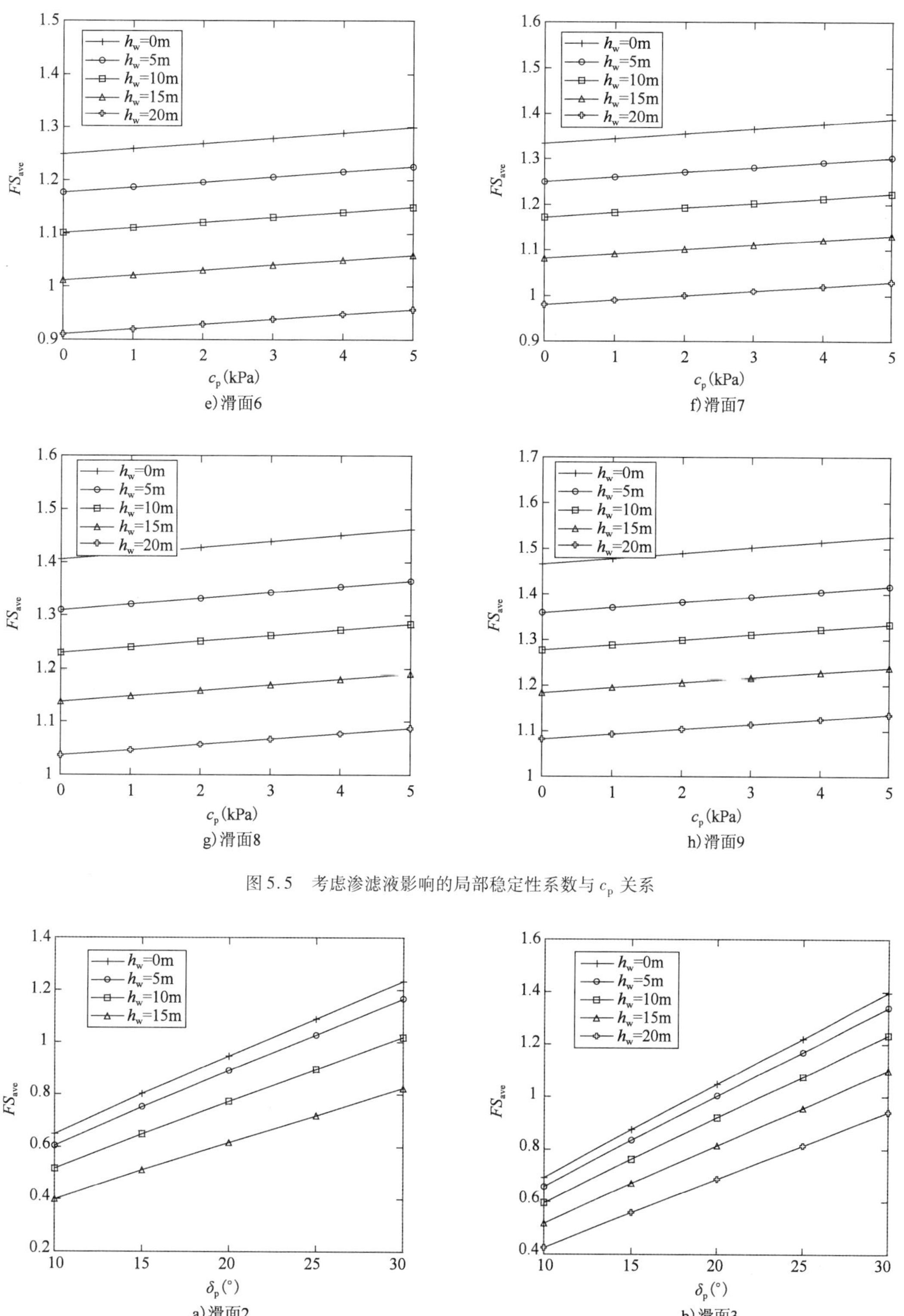

e)滑面6　f)滑面7

g)滑面8　h)滑面9

图 5.5　考虑渗滤液影响的局部稳定性系数与 c_p 关系

a)滑面2　b)滑面3

图　5.6

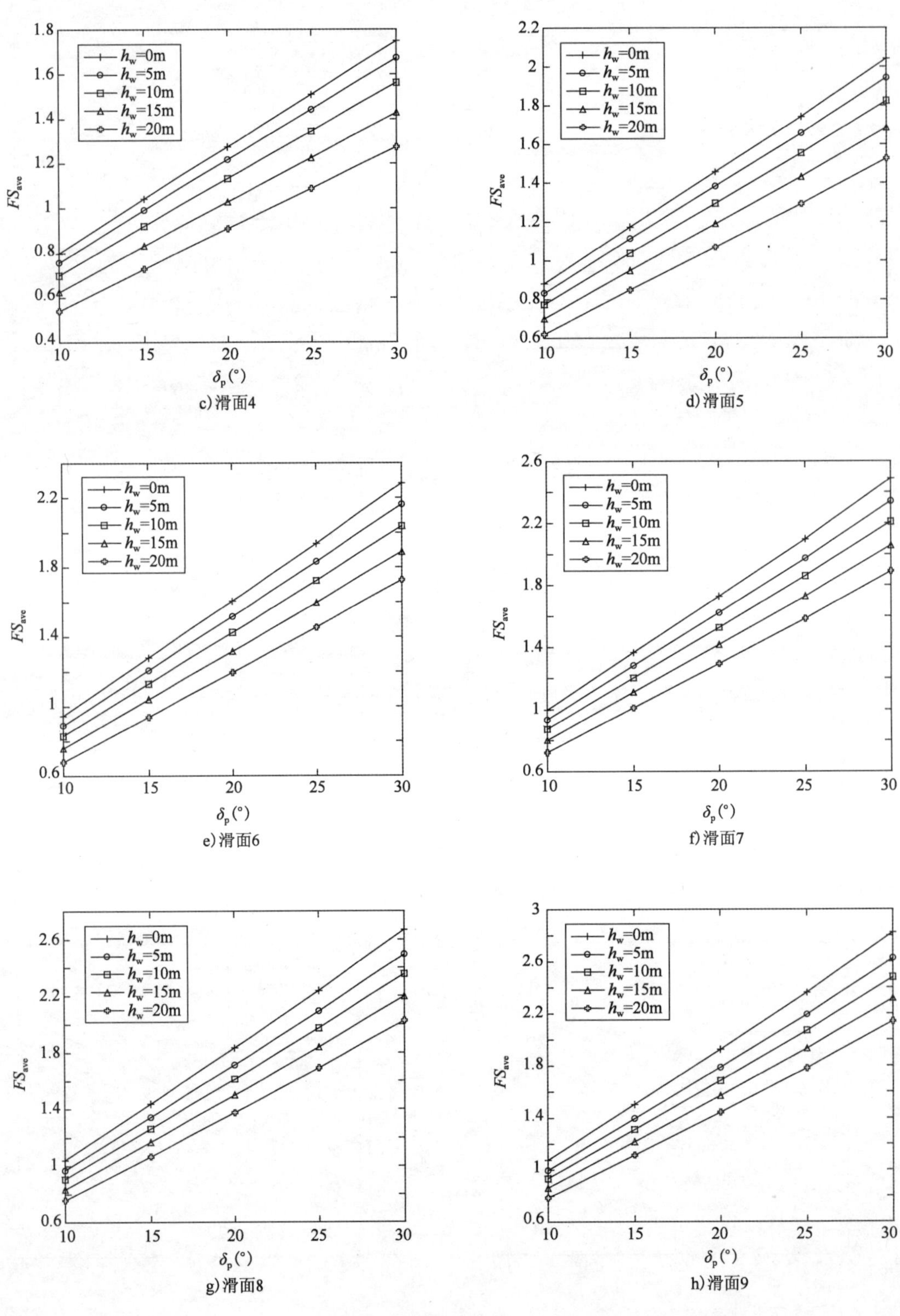

c) 滑面4

d) 滑面5

e) 滑面6

f) 滑面7

g) 滑面8

h) 滑面9

图5.6 考虑渗滤液影响的局部稳定性系数与 δ_p 关系

(3)从图 5.6 中可以很明显地看出,稳定性系数的变化趋势随着滑移面的右移呈加剧增大的趋势,这说明接触面摩擦角 δ_p 对局部滑移稳定性的影响随着局部滑移体体积的增大而增大。在卫生填埋场的实际运营中,随着卫生填埋场横向扩容,应保证接触面摩擦角 δ_p 的有效值。

5.3.4　卫生填埋场几何外形参数

5.3.4.1　卫生填埋场高度

为研究多点地震动荷载作用下卫生填埋场高度对其稳定性的影响规律,计算了卫生填埋场高度 H 分别为 40m、60m、80m,h_w 分别为 0m、5m、10m、15m、20m 时的稳定性系数。图 5.7 为滑移面 2、3、4、…、9 的稳定性系数随卫生填埋场高度的变化规律。

可以看出:

(1)由于在计算模型中,高度 H 增加到一定值,滑面 8、9 就不存在,所以图 5.7g)、h)两图中横坐标与前几图不同。

(2)由于卫生填埋场选址条件的限制,卫生填埋场大多处于超期服役的状态,纵向扩容便成为最直接的获取填埋空间的方法,然而随着填埋体高度的增加,其稳定性系数急剧减小。以图 5.7c)中滑移面 4 为例,h_w =10 时,其稳定性系数从 H =40m 时的 0.9207 下降到 H =80m 时的 0.7372。

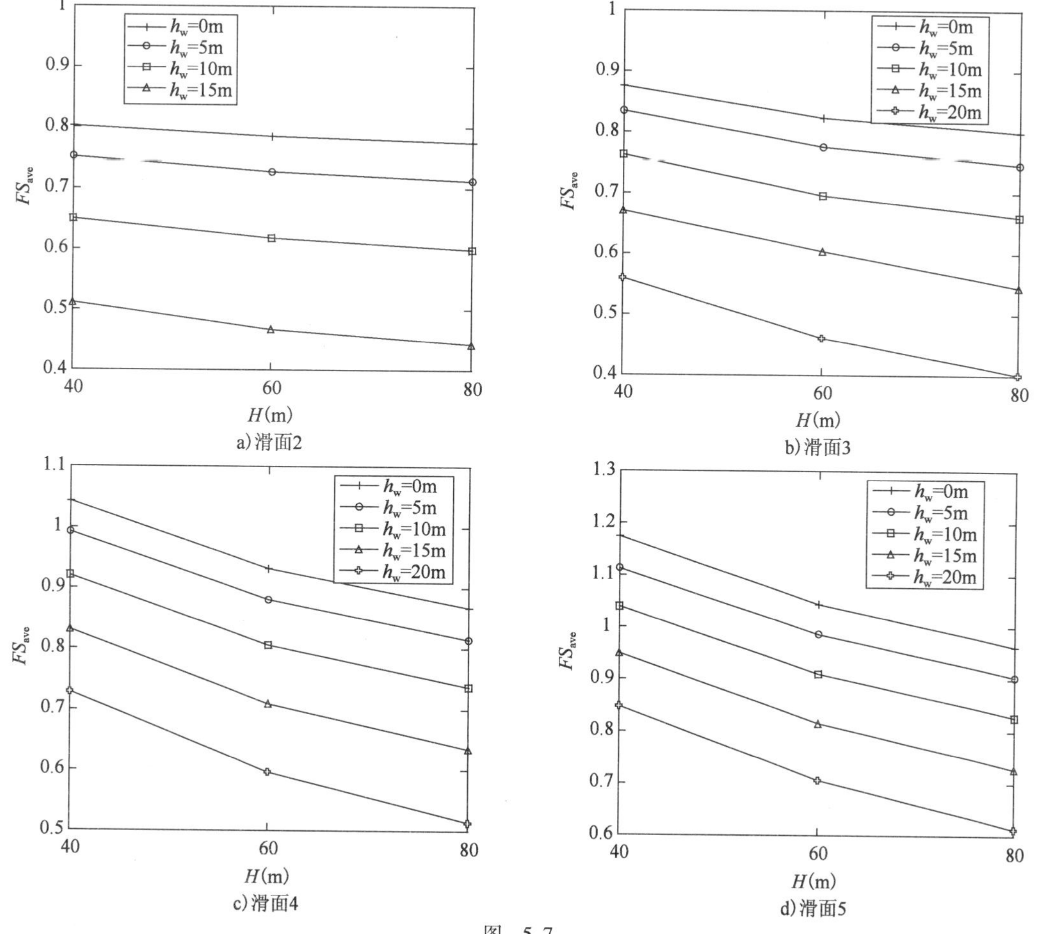

a)滑面2　b)滑面3　c)滑面4　d)滑面5

图　5.7

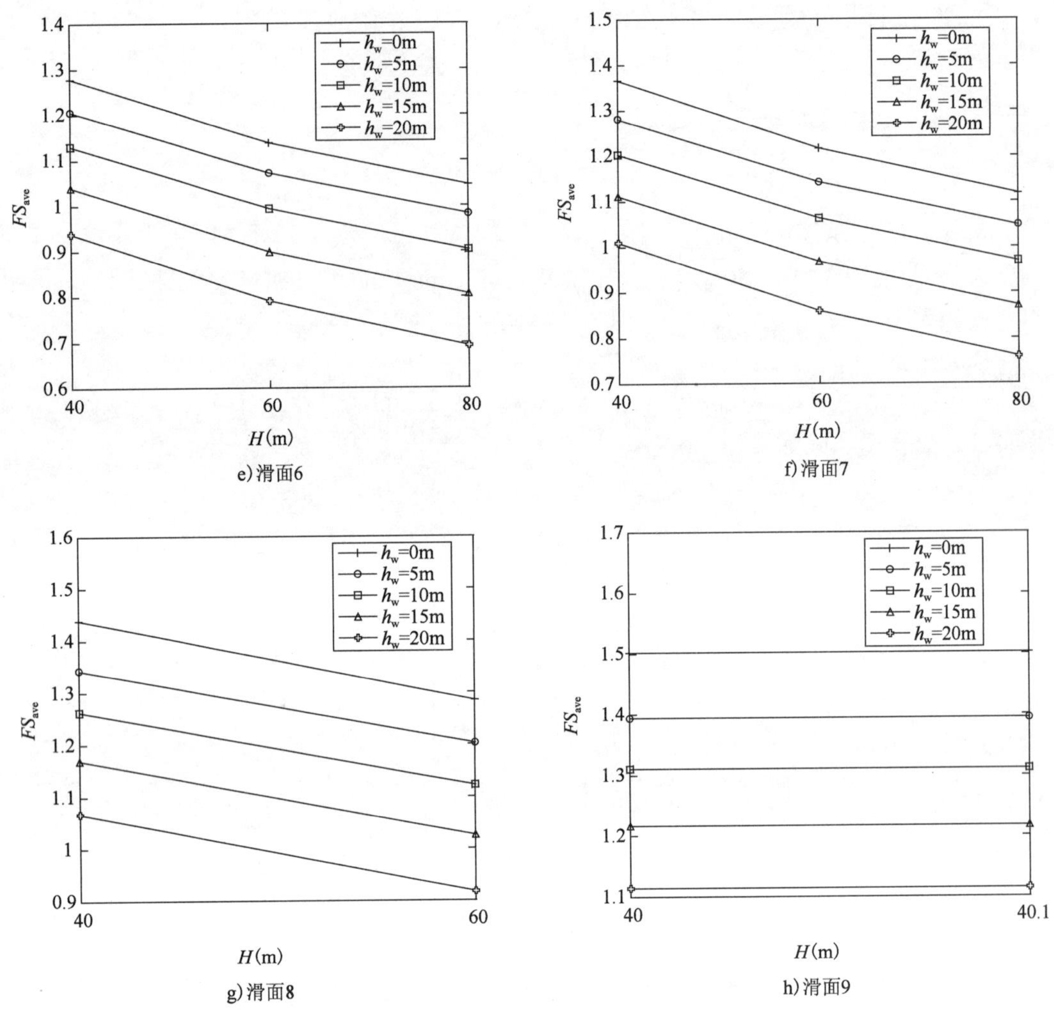

图 5.7 考虑渗滤液影响的局部稳定性系数与 H 关系

(3)各个滑移面的稳定性系数均随着高度 H 的增加而减小,其减小的趋势随着高度 H 的增加而趋于缓和,图 5.7a) ~ f)能够比较明显地反应该趋势。

(4)各滑移面稳定性系数随着渗滤液水位的增高而急剧减小,但这种减小的趋势随着滑移面的右移而趋于缓和。以 H = 60m 为例,图 5.7b)中 h_w 分别为 0m、5m、10m、15m、20m 时的稳定性系数分别为 0.8236、0.7759、0.6958、0.6042、0.4615,其差值依次为 0.0477、0.0801、0.0916、0.1427;而图 5.7f)中 h_w 分别为 0m、5m、10m、15m、20m 时的稳定性系数分别为 1.2168、1.1421、1.0632、0.9677、0.8597,其差值依次为 0.0747、0.0789、0.0955、0.108。

5.3.4.2 卫生填埋场坡度

为研究多点地震动荷载作用下卫生填埋场坡度对其稳定性的影响规律,计算了卫生填埋场高度 H = 40m,坡率 1∶n 分别为 1∶1.5、1∶2、1∶2.5、1∶3,h_w 分别为 0m、5m、10m、15m、20m 时的稳定性系数。图 5.8 为滑移面 2、3、4、…、9 的稳定性系数随卫生填埋场高度的变化规律。

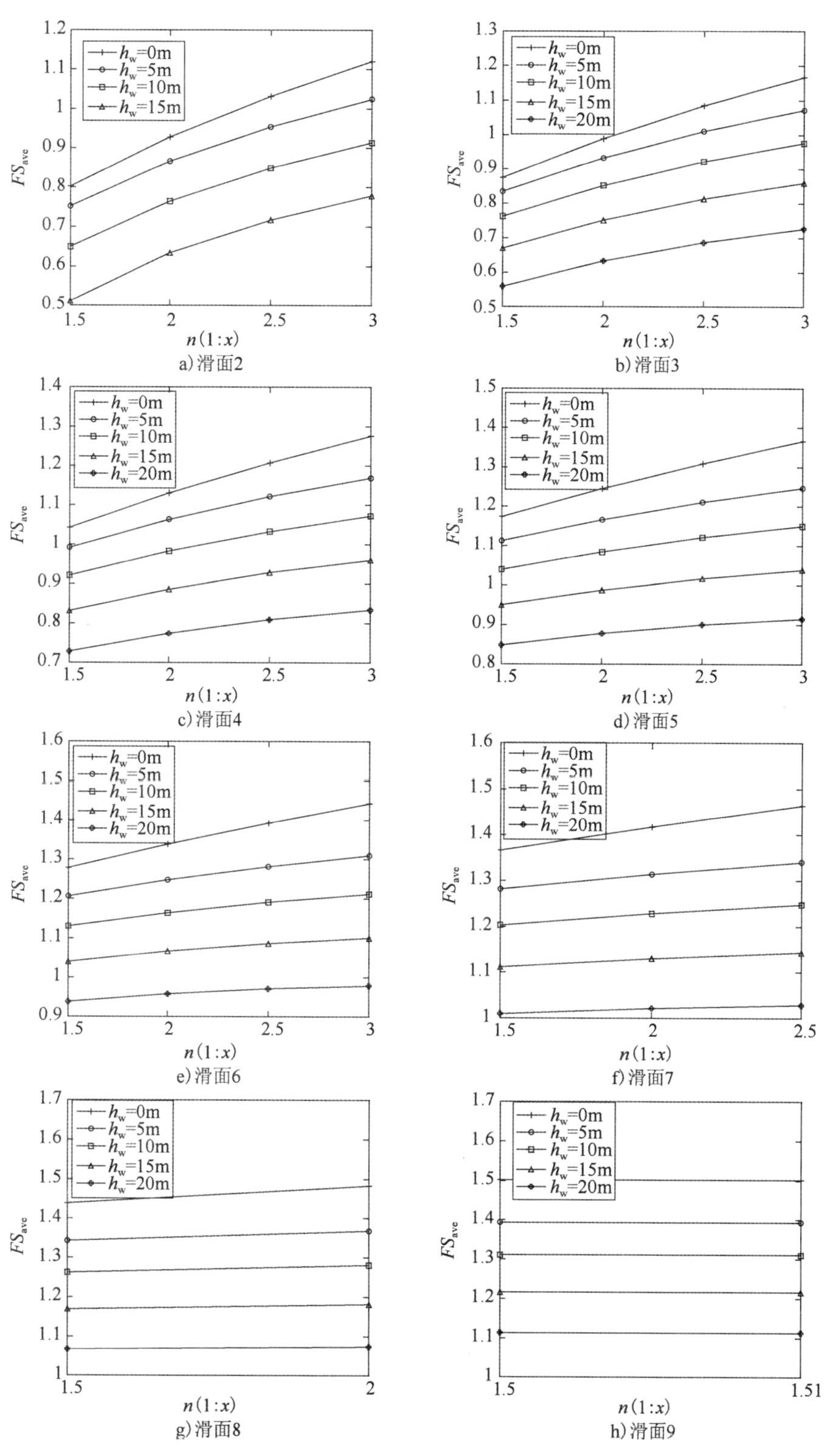

图 5.8　考虑渗滤液影响的局部稳定性系数与坡率 1∶n 关系

可以看出：

(1)由于在计算模型中，高度 H =40m 是一定值，滑移面 7、8、9 坡率小到一定程度时将不存在，所以 f)、g)、h)三图中横坐标与前几图不同。

(2)对于任何一个局部滑移面，考虑渗滤液影响时的稳定性系数比没有考虑时小，这说明渗滤液的存在降低了卫生填埋场的稳定性系数。

(3)局部滑移面的稳定性系数随着坡率的减小而呈增大趋势，这种增大趋势在局部滑移体体积较小时比较明显，而随着局部滑移体体积的增大而减缓。以 h_w =10m 为例，a)中坡率 1 : n 从 1 : 1.5 变化到 1 : 3 时，稳定性系数从 0.6494 增加到 0.9143，增幅为 0.2649；而图 5.8e)中坡率 1 : n 从 1 : 1.5 变化到 1 : 3 时，稳定性系数从 1.1305 增加到 1.2121，增幅仅为 0.0816。

5.3.5 地震动峰值加速度参数

为研究多点地震动峰值加速度对卫生填埋场稳定性的影响规律，计算了多点地震动峰值加速度 a_{max} 分别为 0.05g、0.1g、0.2g、0.4g，在 h_w 分别为 0m、5m、10m、15m、20m 时的稳定性系数。图 5.9 为滑移面 2、3、4、…、9 的稳定性系数随多点地震动峰值加速度 a_{max} 的变化规律。

可以看出：

(1)随着地震动峰值加速度 a_{max} 的增加，各滑移面稳定性系数减小。

(2)随着滑移体体积的增大，地震动峰值加速度对各滑移面稳定性系数的影响程度越大。随着渗滤液水位的增加，稳定性系数减小的趋势增大。

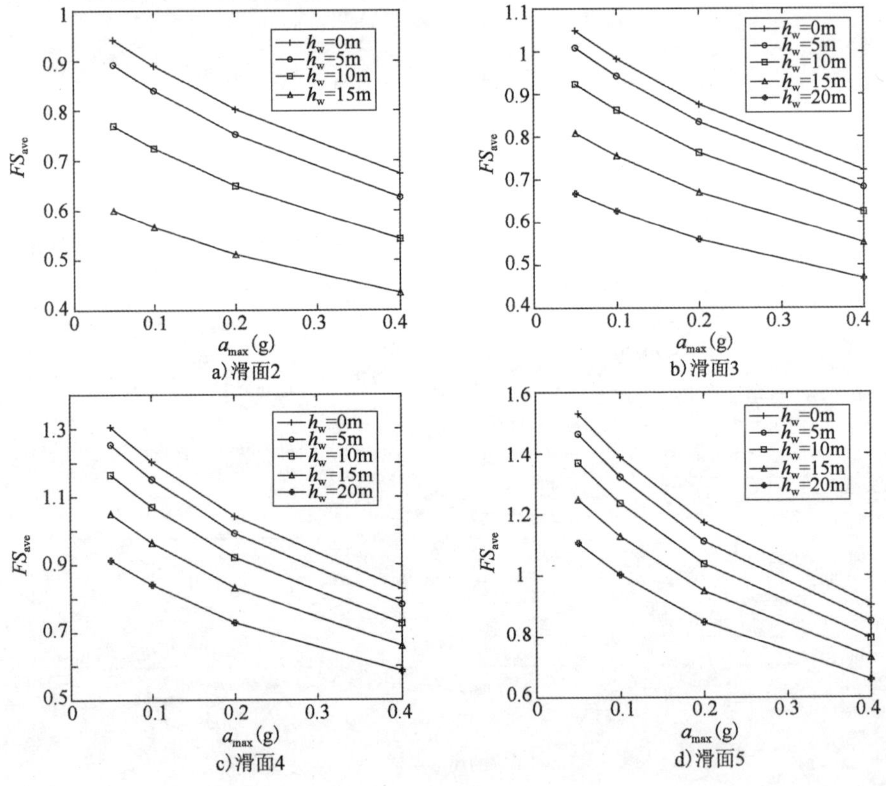

a)滑面2　b)滑面3　c)滑面4　d)滑面5

图 5.9

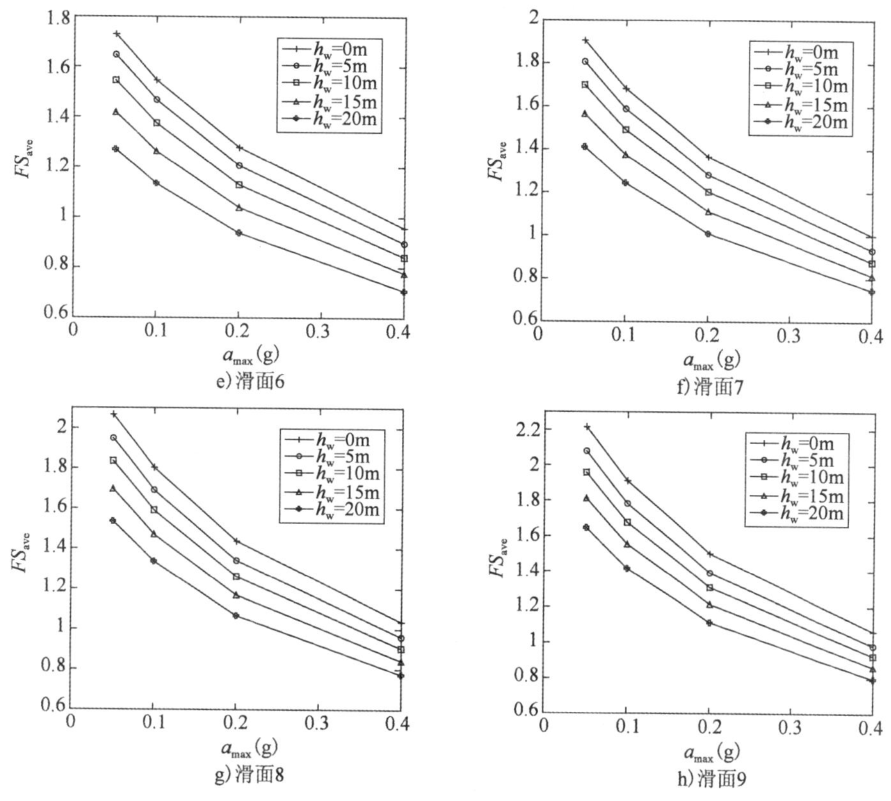

图5.9　考虑渗滤液影响的局部稳定性系数与a_{max}关系

5.4　考虑渗滤液影响的卫生填埋场多点地震整体稳定性研究

5.4.1　填埋体强度参数影响分析

为研究多点地震动荷载作用下填埋体强度参数在不同渗滤液高度下对卫生填埋场稳定性的影响规律，计算了填埋体黏聚力c_{sw}，内摩擦角ϕ_{sw}在h_w分别为0m、5m、10m、15m、20m时的稳定性系数。图5.10为整体滑移面的稳定性系数随填埋体黏聚力c_{sw}（c_{sw}取值范围5kPa、10kPa、15kPa、20kPa、25kPa、30kPa）的变化规律，图5.11为整体滑移面的稳定性系数随填埋体内摩擦角ϕ_{sw}（ϕ_{sw}取值范围20°、30°、40°、50°）的变化规律。

可以看出：

（1）局部滑移稳定分析中已经表明，黏聚力对局部滑移稳定性的影响随着局部滑移体积的增大而呈减小趋势；在整体滑移稳定分析中，黏聚力、内摩擦角对其稳定性的影响更为平缓。在$h_w=0$时，$c_{sw}=30$kPa与$c_{sw}=5$kPa的差值仅为0.0278；在$h_w=0$时，$\phi_{sw}=50°$与$\phi_{sw}=20°$的差值仅为0.0944。

（2）对于整体滑移面，考虑渗滤液情况下的稳定性系数比没有考虑的要小；不管是黏聚力还是内摩擦角对稳定性系数的影响，随着h_w的等间距增大，安全系数表现出近似等间距减小。

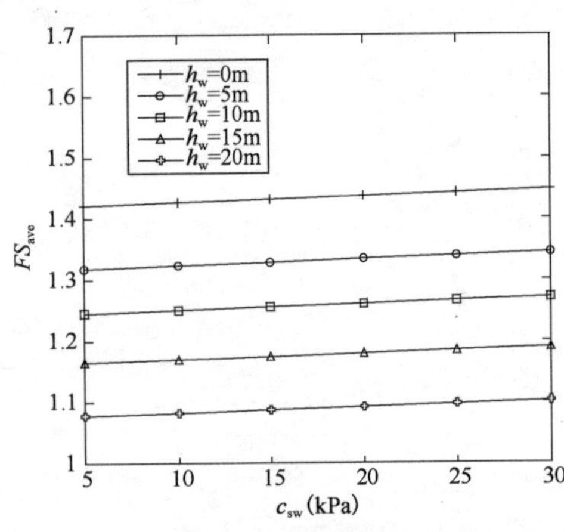

图 5.10 考虑渗滤液影响的整体稳定性系数与 c_{sw} 关系

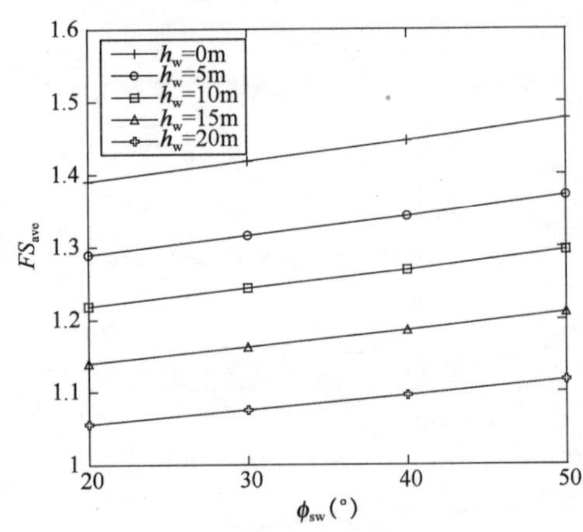

图 5.11 考虑渗滤液影响的整体稳定性系数与 ϕ_{sw} 关系

5.4.2 填埋体重度参数影响分析

为研究多点地震动荷载作用下填埋体重度参数在不同渗滤液高度下对卫生填埋场整体稳定性的影响规律，计算填埋体重度 γ_{sw} 分别为原来的 1、1.5、2 倍时，h_w 分别为 0m、5m、10m、15m、20m 时的稳定性系数。图 5.12 为整体滑移面稳定性系数随填埋体重度 γ_{sw} 的变化规律。

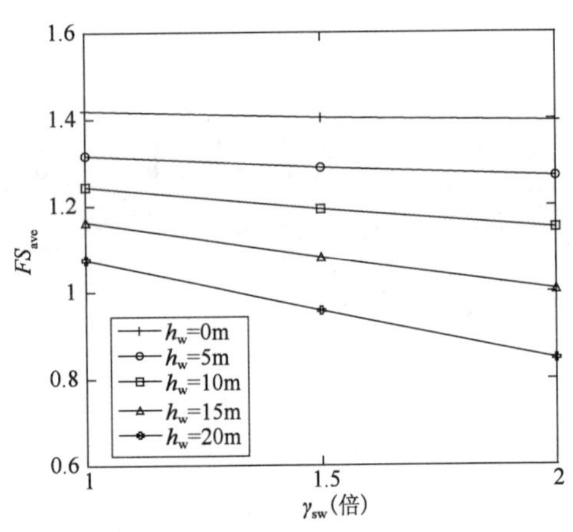

图 5.12 考虑渗滤液影响的整体稳定性系数与 γ_{sw} 关系

可以看出：

(1)稳定性系数变化规律与局部滑移面相似，其数值都随重度 γ_{sw} 的增加近似呈线性递减趋势，并且这种递减趋势随重度 γ_{sw} 的增大而加剧。

(2)整体滑移安全系数随渗滤液水位的增加呈加速递减趋势，表明渗滤液水位 h_w 的增加加大了重度 γ_{sw} 对稳定性系数的影响。

5.4.3 卫生填埋场衬垫接触面力学参数

为研究多点地震动荷载作用下填埋体与衬垫接触面力学参数对卫生填埋场稳定性的影响规律，计算了填埋体与底、背部衬垫接触面黏聚力 c_p、c_a 分别为 0kPa、1kPa、2kPa、3kPa、4kPa、5kPa，摩擦角 δ_p、δ_a 分别为 10°、15°、20°、25°、30°，在 h_w 分别为 0m、5m、10m、15m、20m 时的稳定性系数。图 5.13、图 5.14 分别为滑移面 2、3、4、…、9 的稳定性系数随底部衬垫接触面黏聚力 c_p、摩擦角 δ_p 的变化规律；图 5.15、图 5.16 分别为滑移面 2、3、4、…、9 的稳定性系数随背部衬垫接触面黏聚力 c_a、摩擦角 δ_a 的变化规律。

可以看出：

(1)对于整体滑移面，随填埋体与底、背部衬垫接触面黏聚力 c_p、c_a 与摩擦角 δ_p、δ_a 的增大，其稳定性系数增大。

(2)对比图5.13和图5.14,填埋场底部衬垫接触面摩擦角 δ_p 的影响程度明显大于黏聚力 c_p 对稳定性的影响。这说明在卫生填埋场衬垫选择时,应根据实测试验数据,首先选用接触面摩擦角 δ_p 较大的衬垫。

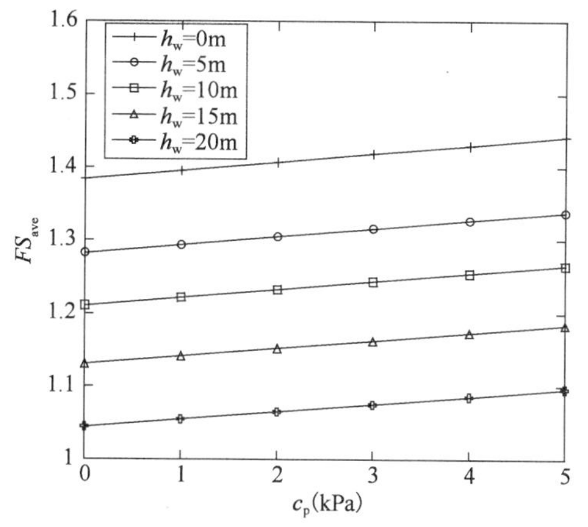

图5.13 考虑渗滤液影响的整体稳定性系数与 c_p 关系

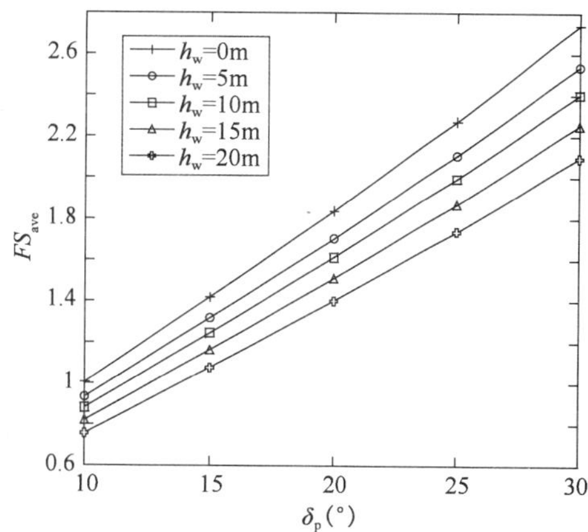

图5.14 考虑渗滤液影响的整体稳定性系数与 δ_p 关系

(3)图5.15、图5.16中反映出填埋体与背部衬垫接触面力学参数对整体滑移稳定性的影响不大。其原因是,整体滑移分析时主动块体积相对较小,在抗滑力中所占的比例小,因此背部衬垫力学参数对整体滑移稳定性影响较小。

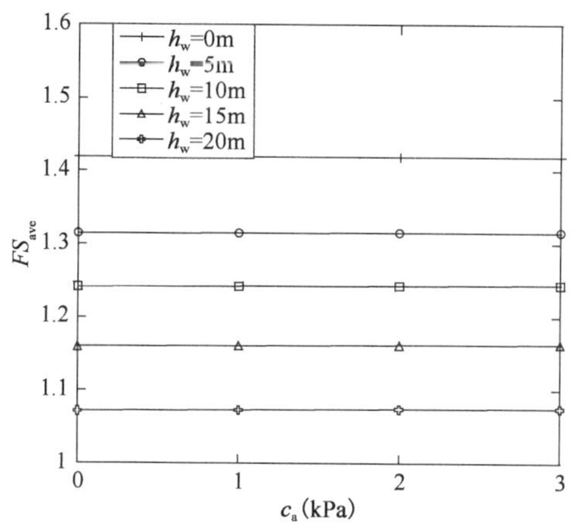

图5.15 考虑渗滤液影响的整体稳定性系数与 c_a 关系

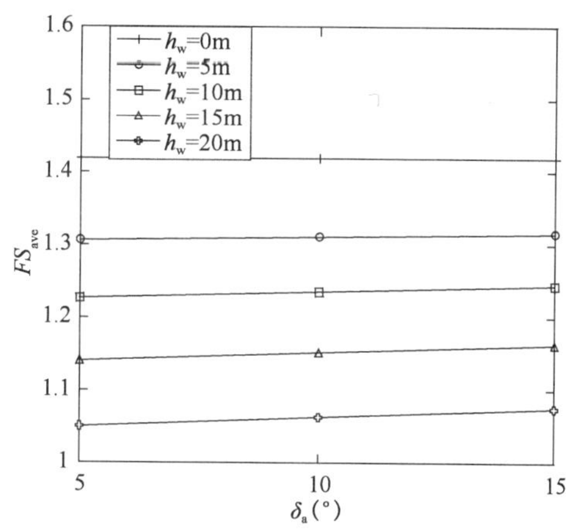

图5.16 考虑渗滤液影响的整体稳定性系数与 δ_a 关系

5.4.4 卫生填埋场几何外形参数

5.4.4.1 卫生填埋场高度

为研究多点地震动荷载作用下卫生填埋场高度对整体滑移稳定性的影响规律,计算了卫生填埋场高度 H 分别为40m、60m、80m,h_w 分别为0m、5m、10m、15m、20m时的稳定性系数。图5.17为整体滑移面的稳定性系数随卫生填埋场高度的变化规律。

可以看出:

(1)随着卫生填埋场高度 H 的增加,其整体滑移稳定性系数呈现近似直线下降趋势,不同于局部滑移时随高度 H 增加,稳定性系数趋于缓和的规律。

(2)随着渗滤液水位 h_w 的增加,整体滑移面稳定性系数近似等差递减。以 $H=60$m 为例,$h_w=0$m、5m、10m、15m、20m 时的稳定性系数为分别 1.1888、1.1138、1.047、0.9689、0.8818,其差值依次为 0.075、0.0668、0.0781、0.0871。

(3)由于卫生填埋场选址条件的限制,卫生填埋场大多处于超期服役的状态,纵向扩容便成为最直接的获取填埋空间的方法。然而随着填埋体高度的增加,其稳定性系数减小,湿润、多雨地区渗滤液水位较高,更加剧了这种减小趋势。因此,处于这类区域的卫生填埋场应该谨慎扩容,严控渗滤液水位。

5.4.4.2 卫生填埋场坡度

为研究多点地震动荷载作用下卫生填埋场坡度对整体滑移稳定性的影响规律,计算了卫生填埋场高度 $H=40$m,坡率 1∶n 分别为 1∶1.5、1∶2、1∶2.5、1∶3,h_w 分别为 0、5m、10m、15m、20m 时的稳定性系数。图 5.18 为整体滑移面的稳定性系数随卫生填埋场高度的变化规律。

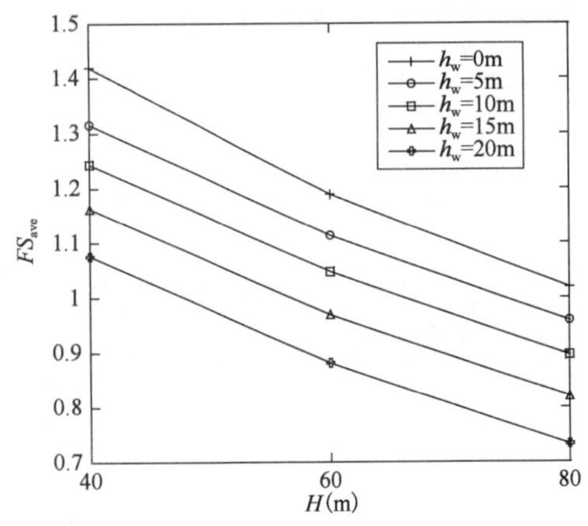

图 5.17 考虑渗滤液影响的整体稳定性系数与 H 关系

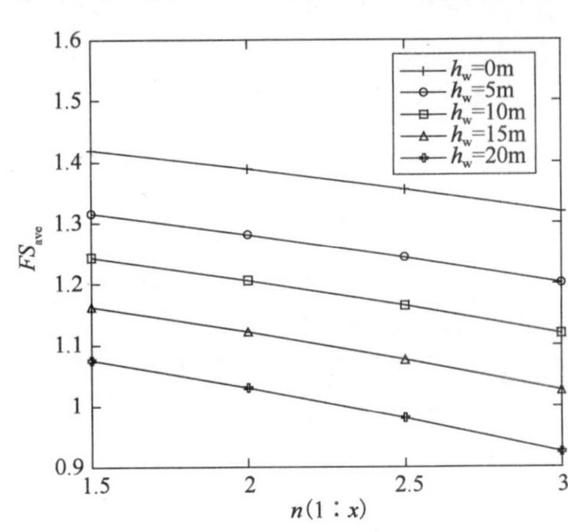

图 5.18 考虑渗滤液影响的整体稳定性系数与坡率 1∶n 关系

可以看出:

(1)随着卫生填埋场坡率 1∶n 的减小,其整体滑移稳定性系数呈现近似直线下降趋势,与局部滑移时稳定性系数随坡率 1∶n 的减小而增加的趋势截然相反。这是因为坡度变缓,卫生填埋场被动块体积及重量减小,其抵抗下滑的力量也随之减小,所以出现图中所示的规律。

(2)考虑渗滤液影响时的稳定性系数比没有考虑时小,这说明渗滤液的存在降低了卫生填埋场的稳定性系数。随着渗滤液水位的增高,整体滑移面稳定性系数近似等差递减。以坡率 1∶2.5 为例,$h_w=0$m、5m、10m、15m、20m 时的稳定性系数分别为 1.3552、1.2437、1.1647、1.0763、0.9803,其差值依次为 0.1115、0.079、0.0884、0.096。

5.4.5 地震动峰值加速度参数

为研究多点地震动峰值加速度对卫生填埋场稳定性的影响规律,计算了多点地震动峰值加速度 a_{max} 分别为 0.05g、0.1g、0.2g、0.4g,h_w 分别为 0m、5m、10m、15m、20m 时的稳定性系数。

图 5.19 为整体滑移面稳定性系数随多点地震动峰值加速度 a_{max} 的变化规律。

可以看出，不管渗滤液的水位如何，随着地震动峰值加速度 a_{max} 的增加，整体滑移面稳定性系数表现为减小的趋势。

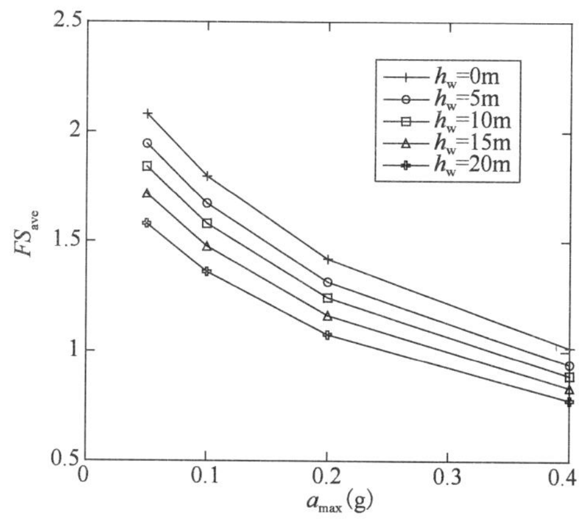

图 5.19 考虑渗滤液影响的整体稳定性系数与 a_{max} 关系

5.5 考虑渗滤液影响的卫生填埋场多点地震滑移形式分析

通过前文的分析可以看出，卫生填埋场的稳定性不仅受填埋体强度、重度、衬垫接触面力学参数、几何外形等参数影响，在湿润多雨地区更受渗滤液的影响。对于一个确定的卫生填埋场，填埋体强度、重度、衬垫接触面力学参数、几何外形等参数容易确定，但其渗滤液水位 h_w 随季节性降雨等变化较大，其取值不仅影响滑移面稳定性系数，更影响滑移失稳的形式。

本节通过对比局部滑移面 2 与整体滑移面的稳定性系数，研究多点地震动作用下卫生填埋场的滑移形式。由于滑移面 2 的几何外形及稳定性系数的关系，渗滤液水位 h_w 仅取到 15m；而对于整体滑移面，渗滤液水位 h_w 取 20m。

5.5.1 填埋体强度参数不同时渗滤液水位对滑移形式的影响

图 5.20、图 5.21 表示填埋体黏聚力 c_{sw}、内摩擦角 ϕ_{sw} 不同时，渗滤液水位对稳定性系数的影响。

可以看出：

(1)以安全系数 1.3 作为评价卫生填埋场是否稳定的临界值。图 5.20、图 5.21 中即使黏聚力 c_{sw}、内摩擦角 ϕ_{sw} 均取最大值，渗滤液水位 $h_w=0$，局部滑移稳定性系数也低于稳定临界值。这表明，此时卫生填埋场局部滑移失稳的主要原因是其他因素，而不是强度参数与渗滤液水位因素。因此，应采取加设防滑块、垃圾坝等形式保证局部滑移面的稳定。

(2)在填埋体黏聚力 $c_{sw}=10\sim30$kPa，$h_w=0$ 时，局部滑移稳定性系数为 0.8749 ~ 1.1027，整体滑移稳定性系数为 1.4265 ~ 1.4488。虽然黏聚力 c_{sw} 的增加对局部滑移稳定性系数的提高有明显影响，但仍小于稳定临界值 1.3，此时失稳形式为局部滑移。

(3)随着渗滤液水位 h_w 的增加，例如 $h_w=15$m 时，填埋体黏聚力 $c_{sw}=10\sim30$kPa，局部

滑移稳定性系数为0.566~0.7494，整体滑移稳定性系数为1.1698~1.1898。此时局部与整体滑移稳定性系数均小于1.3，因此在此状态下要防范两种滑移形式的发生。对于局部滑移，采取加设防滑块、垃圾坝等形式保证局部滑移面的稳定；对于防范卫生填埋场的整体滑移失稳，应监测渗滤液水位，必要时采取水平、竖直钻孔抽水的方法[184,185]控制渗滤液水位高度。

(4)图5.21中填埋体内摩擦角ϕ_{sw}对滑移形式的影响与图5.20中相似。要注意的是：渗滤液水位$h_w=0$时，ϕ_{sw}越大，稳定性系数越大；但随着h_w增加，其稳定性系数降低也越快。

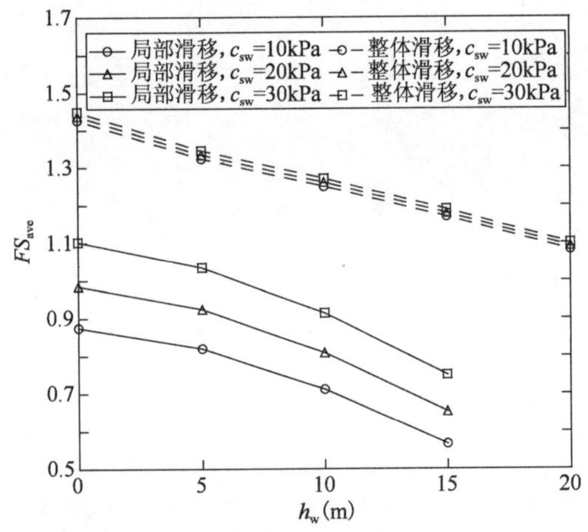

图5.20　渗滤液作用下c_{sw}变化对滑移形式的影响

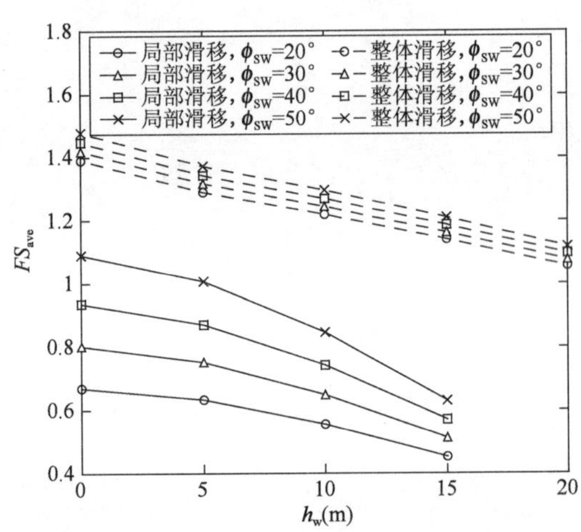

图5.21　渗滤液作用下ϕ_{sw}变化对滑移形式的影响

5.5.2　填埋体重度参数不同时渗滤液水位对滑移形式的影响

图5.22表示在填埋体重度γ_{sw}不同时，渗滤液水位的变化对滑移稳定性系数的影响，可以看出与填埋体强度参数变化对滑移形式的影响相似。

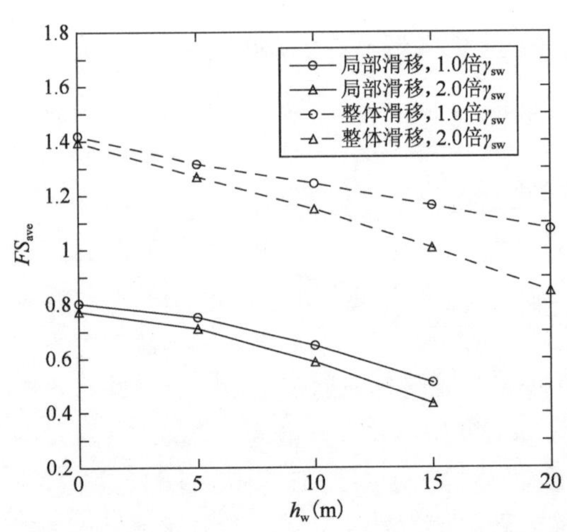

图5.22　渗滤液作用下γ_{sw}变化对滑移形式的影响

(1)对于图5.22中的局部滑移，即使在重度γ_{sw}最小，渗滤液水位$h_w=0$时，其稳定性系数也小于1.0。表明此时卫生填埋场失稳形式为局部滑移失稳，应采取加设防滑块、垃圾坝等形式保证局部滑移面的稳定。

(2)在填埋体重度为原重度γ_{sw}的1.0~2.0倍，$h_w=0$时，由于局部滑移稳定性系数小于稳定临界值1.0，此时失稳形式为局部滑移。

(3)随着渗滤液水位h_w的增加，例如$h_w=10$m时，填埋体重度为1.0~2.0倍γ_{sw}，此时局部与整体滑移稳定性系数均小于1.3。因此在此状态下要防范两种滑移形式的发生，确保局部与整体滑移都安全，不能仅关注稳定性系数小的局部滑移,忽视了整体滑移的稳定性。

5.5.3 衬垫接触面力学参数不同时渗滤液水位对滑移形式的影响

图5.23、图5.24表示在填埋体底部衬垫接触面力学参数 c_p、δ_p 不同时,渗滤液水位对滑移稳定性系数的影响。

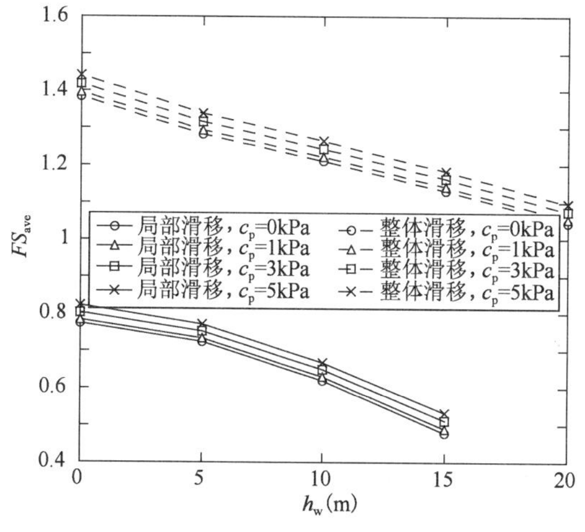

图5.23 渗滤液作用下 c_p 变化对滑移形式的影响

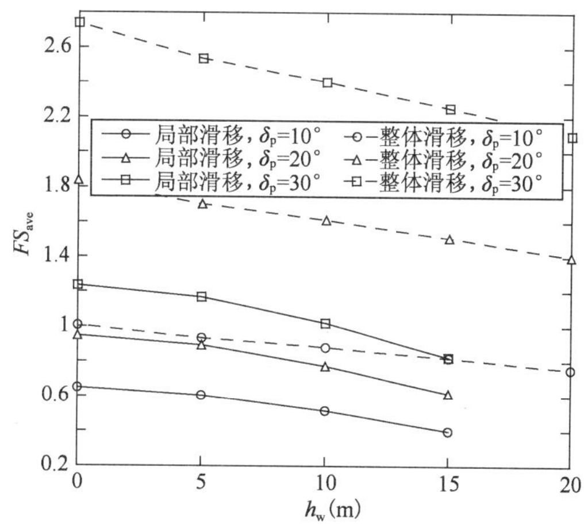

图5.24 渗滤液作用下 δ_p 变化对滑移形式的影响

可以看出:

(1)图5.23中,对于 $c_p=0\sim5\text{kPa}$,局部滑移稳定性系数均小于1.0,而整体滑移稳定性系数在渗滤液水位 h_w 上升到某一高度时才小于1.3。因此,此时滑移形式仍然以局部滑移为主要形式。

(2)图5.24中,在衬垫接触面摩擦角 $\delta_p=10°\sim30°$,$h_w=0$ 时,局部滑移稳定性系数为0.649~1.233,整体滑移稳定性系数为1.005~2.739。当 $\delta_p=10°$时,整体与局部滑移稳定性系数均小于1.3。在实际运营中,对两种滑移形式都应做好防护措施,不能因为某一种滑移形式的稳定性系数小而忽视另一种滑移形式发生的可能性。

(3)图5.24中,在衬垫接触面摩擦角 $\delta_p=30°$,$h_w=0$ 时,局部滑移稳定性系数为1.233,整体滑移稳定性系数为2.739;在 $h_w=15\text{m}$ 时,局部滑移稳定性系数为0.824,整体滑移稳定性系数为2.254。在这种情况下,失稳形式为局部滑移。对于整体滑移稳定性系数,在渗滤液水位 $h_w=15\text{m}$ 时仍达到2.0以上。这从另一个方面说明了底部衬垫接触面摩擦角 δ_p 对卫生填埋场的滑移稳定是至关重要的。

5.5.4 几何外形参数不同时渗滤液对滑移形式的影响

图5.25、图5.26表示在填埋体高度 H、坡率 $1:n$ 不同时,渗滤液对滑移稳定性系数的影响。

可以看出:

(1)图5.25中,局部滑移稳定性系数均小于整体滑移稳定性系数。在渗滤液水位 $h_w=0$ 时,局部滑移稳定性系数小于1.0,因此为防止局部滑移的产生,应该采取其他辅助措施。而对于整体滑移稳定来说，稳定性系数随 H 的增加降低幅度较大，但在渗滤液水位 $h_w=0$ 时稳定性系数大于1.0。因此，防止整体滑移的产生，应该以控制渗滤液 h_w 高度为主。

(2)图5.26中所示的坡率对稳定性系数的影响规律类似于图5.25。但是随着坡率1∶n 的减小，局部滑移稳定性系数增大，这说明降低卫生填埋场前坡坡率有利于其局部滑移稳定；然而对于整体滑移，其稳定性系数随着前坡坡率的降低而降低。

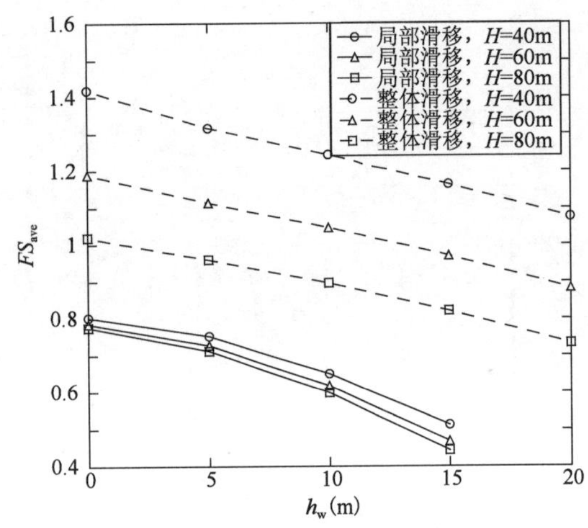

图5.25 渗滤液作用下 H 变化对滑移形式的影响

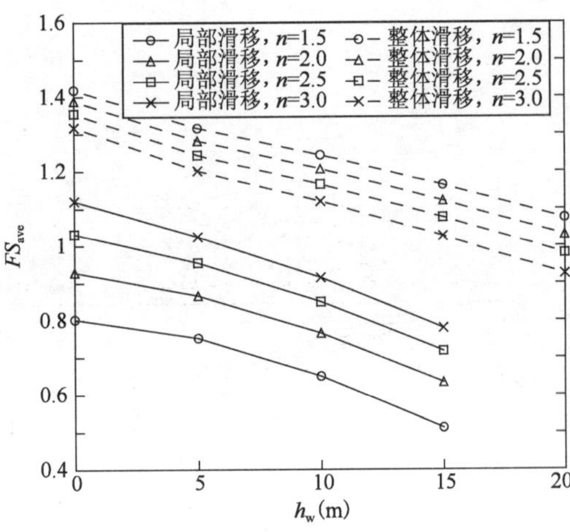

图5.26 渗滤液作用下坡率1∶n 变化对滑移形式的影响

5.5.5 地震动峰值加速度不同时渗滤液对滑移形式的影响

图5.27表示在地震动峰值加速度不同时，渗滤液对滑移稳定性系数的影响。在地震动峰值加速度和渗滤液水位都相同时，局部滑移稳定性系数均小于整体滑移稳定性系数。因此，局部滑移失稳是重点防范的对象。

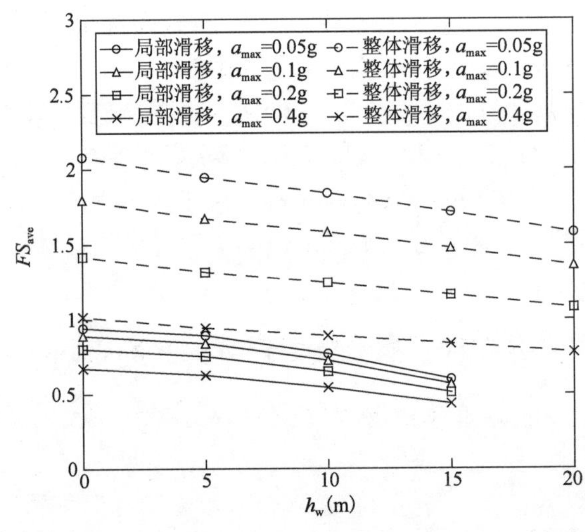

图5.27 渗滤液作用下地震动峰值加速度 a_{max} 变化对滑移形式的影响

5.6 本章小结

卫生填埋场的失稳与渗滤液水头的高低有直接关系，本章在前文建立的卫生填埋场多点地震动稳定性分析的基础上，通过计算渗滤液水头压力，建立了适合湿润多雨地区卫生填埋场稳定性分析的方法。并利用该方法，通过大量的数值计算，分析了填埋体强度、重度、衬垫接触面力学参数、填埋场几何外形参数在多点地震动作用下对卫生填埋场局部、整体滑移稳定性的影响规律，得出以下主要结论：

(1)对于局部或整体滑移面，随着 c_{sw}、ϕ_{sw} 的增大，其稳定性系数增大；但其稳定性系数增大的趋势随着滑移面的右移而呈放缓趋势，填埋体强度参数对局部滑移稳定性的影响随着局部滑移体积的增大而呈减小趋势。随着渗滤液水位 h_w 的增高，局部或整体滑移稳定性系数加速减小；但对于相同的黏聚力 c_{sw}、内摩擦角 ϕ_{sw}、渗滤液水位 h_w 值，整体滑移稳定性系数均大于局部滑移稳定性系数。因此，渗滤液水位增加时，首先应检查卫生填埋场前坡角处滑移面的稳定性。

(2)对于局部或整体滑移面，其稳定性系数都随渗滤液水位升高呈递减趋势，并且这种递减趋势随滑移面的右移和 h_w 的增加，渗滤液水位 h_w 对稳定性影响的程度越大。对于相同的 γ_{sw} 和 h_w 工况，随着滑移面的右移，其稳定性系数均呈增大趋势，这说明渗滤液作用下，局部滑移面稳定性系数最小值出现在滑面 2 位置。

(3)卫生填埋场底部、背部衬垫接触面黏聚力、摩擦角与稳定性系数均为同号增减。就其影响稳定性的程度来说，底部衬垫接触面力学参数 c_p、δ_p 的影响程度明显大于背部衬垫接触面对稳定性的影响。在选择卫生填埋场衬垫时，应根据实测试验数据，确保接触面摩擦角 δ_p 值可靠；在预计渗滤液水位较高时，选取 δ_p 值的较大的衬垫，对于提高卫生填埋场的稳定性有重要作用。

(4)由于卫生填埋场选址条件的限制，卫生填埋场大多处于超期服役的状态，纵向扩容便成为最直接的获取填埋空间的方法。然而随着填埋体高度的增加，其稳定性系数减小，湿润、多雨地区渗滤液水位较高，更加剧了这种减小趋势。因此，处于这类区域的卫生填埋场应该谨慎扩容，严控渗滤液水位。

(5)渗滤液水位 $h_w=0$ 时，局部滑移稳定性系数就小于 1.0，因此对于防止局部滑移的产生，应该采取其他辅助措施。而对于整体滑移稳定来说，渗滤液水位 $h_w=0$ 时稳定性系数大于 1.0，因此防止整体滑移的产生应该以控制渗滤液 h_w 高度为主。

(6)局部滑移面的稳定性系数随着坡率 $1:n$ 的减小而呈增大趋势，这种增大趋势在局部滑移体体积较小时比较明显，随着局部滑移体体积的增大而减缓。而整体滑移稳定性系数随着卫生填埋场坡率 $1:n$ 的减小而减小，与局部滑移时稳定性系数变化规律截然相反。因此，降低卫生填埋场前坡坡率有利于其局部滑移稳定，然而可能会降低整体滑移稳定性系数。

第6章 工程实例分析

6.1 引　　言

卫生填埋场的地震稳定性分析是一个跨学科、交叉性的课题,它不仅涉及环境工程、岩土工程,更涉及较为复杂的地震工程,因此增加了卫生填埋场的地震稳定性分析研究的难度,导致这一领域的研究很不成熟。目前对卫生填埋场的地震稳定性研究主要集中在均一、单点地震动作用下边坡的稳定性以及动力反应分析上,即对整个垃圾体采用相同的地震动输入。实际地震动是一个复杂的时间—空间过程,在地震分析中,是否考虑地震动时间—空间变化性,对工程稳定性有较大影响。

填埋体中含水率随所处地域气候的不同存在显著差异,含水率的差异直接导致了填埋体力学参数的不同,进而影响卫生填埋场的稳定性。对于湿润多雨地区,渗滤液水位随降雨量的不同而处于动态变化中,研究渗滤液水位对稳定性的影响以及在雨期到来前将渗滤液水位降至安全水位,对于该地区卫生填埋场的稳定性有重要意义。然而,对于干旱半干旱气候地区,非饱和填埋体的基质吸力并未被考虑到稳定性分析中,这将导致稳定性分析过于保守,不利于卫生填埋场的扩容及延长服务年限。因此,在土地资源(尤其是适合建设卫生填埋场的土地资源)稀缺的今天,充分利用现有卫生填埋场对社会及经济效益有重要意义。

基于此,本章通过前文建立的稳定性分析方法在工程实例中的应用,对考虑与不考虑渗滤液影响的卫生填埋场稳定性进行分析,并与规范规定的单点地震动输入的计算结果进行对比分析。

6.2 干旱地区考虑基质吸力的卫生填埋场多点地震稳定性分析实例

6.2.1 工程概况

我国北方某卫生填埋场处于日照充足,但降雨较少的地区,年均降雨量仅有464mm,大大低于857mm的世界年平均降雨量,而且该地区蒸发量远大于降水量。因此,该地区的卫生填埋场处于无渗滤液或少渗滤液的状态[178],在分析该类地区卫生填埋场稳定性时需要考虑填埋体中基质吸力的影响。

6.2.2 计算模型及地震动输入

6.2.2.1 计算模型及物理力学参数

选取该卫生填埋场典型断面，并按照本书建立的方法，以卫生填埋场整体、坡顶处、与坡顶间隔20m处三个滑移面为潜在滑移面进行计算，如图6.1所示。计算参数取值如表6.1。

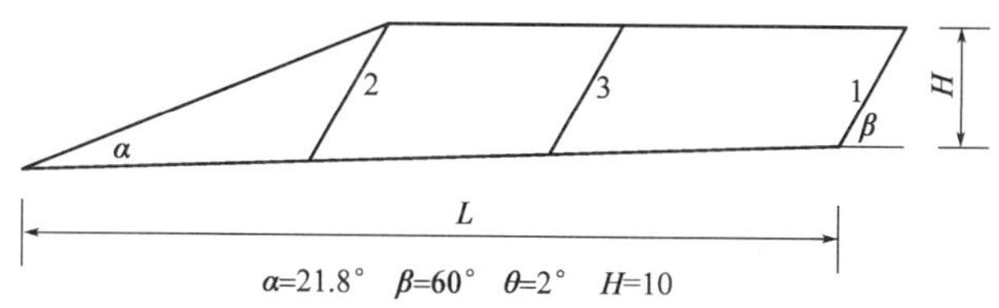

图6.1 我国北方某地区卫生填埋场稳定性计算断面图

我国北方某地区卫生填埋场稳定性计算参数取值 表6.1

参数	c_{sw}	ϕ_{sw}	α	β	θ	L	H	c_a	c_p
数值	3.0	30°	21.8°	60°	2°	70	10	3	3
参数	δ_a	δ_p	$(u_a - u_w)$	ϕ^b	a_{max}	α_i	ζ	ρ_{sw}	g
数值	15°	15°	60kPa	7°	0.1g	2.5	0.25	1.02×10^3	9.8

注：c_{sw}、c_a、c_p 单位为 kN/m^2；ρ_{sw} 单位为 kg/m^3；ϕ^b 根据垃圾体—水特征曲线（图6.2所示）利用第二章中建立的公式求得。

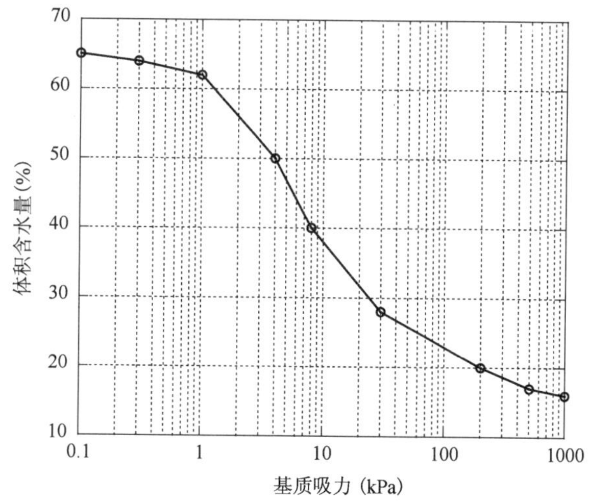

图6.2 我国北方某地区卫生填埋场填埋体—水特征曲线

6.2.2.2 地震动输入

为根据文献对我国北方某地区地震影响评价，以50年超越概率为10%的地震动峰值加速度为基础考虑卫生填埋场的地震动输入，该地区地震动加速度峰值 $a_{max}=0.1$g。本书结合该卫生填埋场的几何参数，采用第三章建立的多点地震动合成方法，共生成10条地震动，其中水平方向5条，竖直方向5条。在合成地震动时，地震动加速度峰值 $a_{max}=0.1$g，视波速 $v_a=500$m/s，地震动持续时间24s。图6.3、图6.4分别为选取的典型位置处水平、竖直加速度时程。

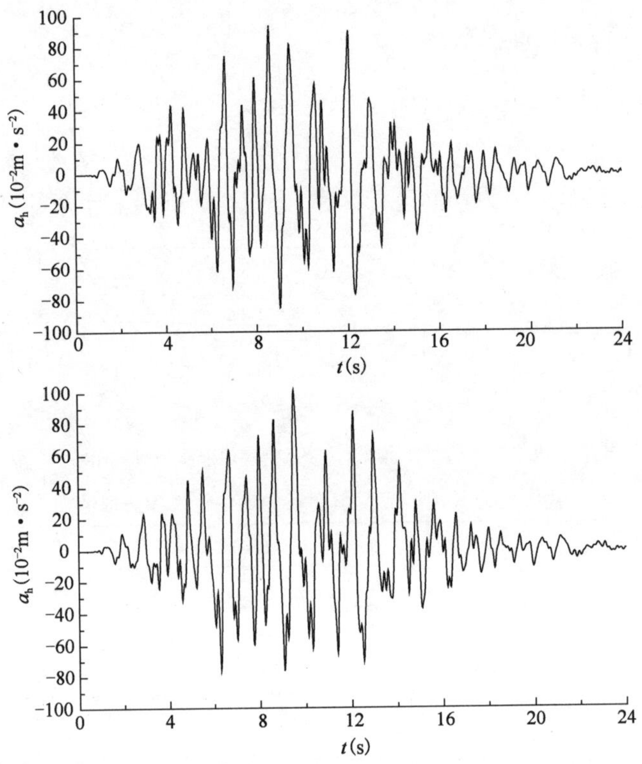

图6.3　我国北方某地区用于计算的卫生填埋场典型位置处水平加速度时程

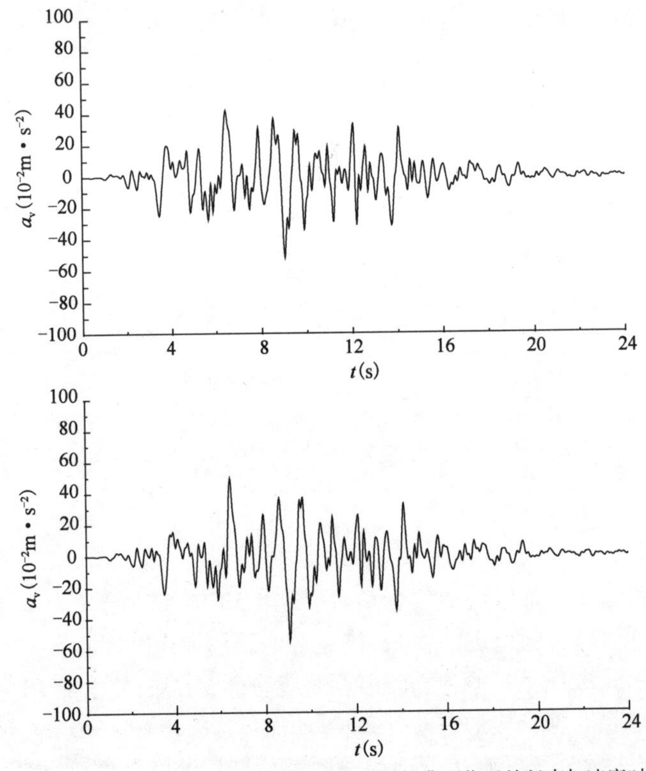

图6.4　我国北方某地区用于计算的卫生填埋场典型位置处竖直加速度时程

6.2.3 稳定性分析讨论

采用前面建立的多点地震动作用下考虑基质吸力的卫生填埋场稳定性分析方法，对该卫生填埋场的1~3滑移面进行分析。并将得到的稳定性系数与规范算法进行对比分析。

(1)由表6.2中各滑移面的稳定性系数可知，随着填埋高度的增加，稳定性系数呈减小趋势；当稳定性系数减小到某一数值后，其高度将不能再增加。因此，卫生填埋场在达到设计填埋高度时必须进行封场，不能再增高使用。

(2)以稳定性系数1.3作为判断稳定与否的标准。采用规范算法时，首先被判断失稳的是滑移面2(在高度增加到11m左右时)；而采用本书地震不考虑基质吸力时，稳定性系数首先小于1.3的仍是滑移面2(在高度增加到15m以上时)；而采用本书算法考虑基质吸力时，稳定性系数首先小于1.3的是滑移面1(在高度增加到22m左右时)。

(3)考虑基质吸力时可能会改变规范算法确定的滑移面位置，实际工作中，应及时调整防范重点；同时，考虑基质吸力的多点地震动稳定性分析方法对该地区卫生填埋场的增高扩容有重要指导意义。

我国北方某地区卫生填埋场不同高度下滑移稳定性计算表　　表6.2

高度	滑移面	规范地震	本书地震不考虑基质吸力	本书地震考虑基质吸力
$H=10\text{m}$	滑移面1	2.042	2.199	2.234
	滑移面2	1.320	1.369	1.573
	滑移面3	1.768	1.872	2.015
扩容至 $H=15\text{m}$	滑移面1	1.628	1.725	1.753
	滑移面2	1.253	1.300	1.450
	滑移面3	1.569	1.651	1.762
扩容至 $H=20\text{m}$	滑移面1	1.337	1.400	1.425
	滑移面2	1.215	1.260	1.378
	滑移面3	1.449	1.519	1.610
扩容至 $H=25\text{m}$	滑移面1	1.114	1.156	1.178
	滑移面2	1.190	1.235	1.332
	滑移面3	—	—	—

6.3 湿润多雨地区考虑渗滤液的卫生填埋场多点地震稳定性分析实例

6.3.1 工程概况

我国南方某地区属季风型热带雨林气候，温度高、降雨多、湿度大、多台风。年平均气温约摄氏27度，年平均降水量从北往南由2000mm递增到3000mm以上，高山地区年平均降水量高达4000mm以上，每年7~11月，多台风雨，常引起洪水泛滥和强烈的土壤侵蚀。位于该地区的某卫生填埋场失稳事件就是由于强降雨导致填埋体内渗滤液水位急剧上升产生失稳。

6.3.2 计算模型及地震动输入

6.3.2.1 计算模型及物理力学参数

按照本书建立的方法，选取该卫生填埋场已滑断面(距离坡顶 5m 处)进行分析，如图 6.5 所示。计算参数取值如表 6.3。

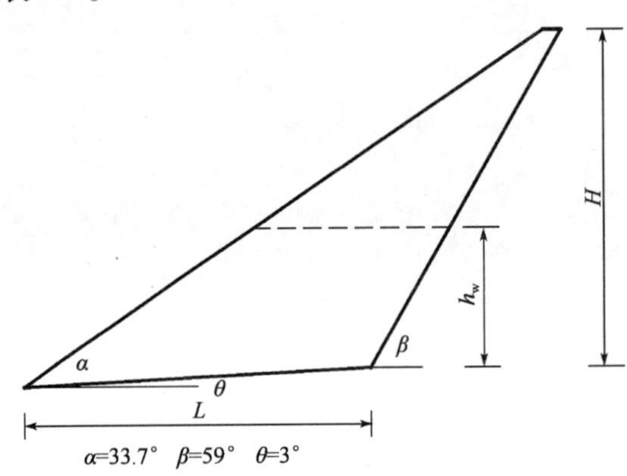

图 6.5 我国南方某卫生填埋场已滑断面计算模型

我国南方某卫生填埋场稳定性计算参数取值 表 6.3

参数	c_{sw}	ϕ_{sw}	α	β	θ	L	H	c_a	c_p
数值	19	28°	33.7°	59°	3°	80	33.5	3	19
参数	δ_a	δ_p	h_w	a_{max}	α_i	ζ	ρ_{sw}	g	
数值	28°	18°	15	0.2g	2.5	0.25	1.42×10^3	9.8	

注：c_{sw}、c_a、c_p 单位为 kN/m^2；ρ_{sw} 单位为 kg/m^3。

6.3.2.2 地震动输入

本书结合卫生填埋场的地理位置、几何参数、该地区 50 年超越概率 10% 地震动峰值加速度[188]，采用第三章建立的多点地震动合成方法共生成 8 条地震动，其中水平方向 4 条，竖直方向 4 条。在合成地震动时，地震动加速度峰值 a_{max} 取值 0.2g，视波速 $v_a = 500m/s$，地震动持续时间 24s。图 6.6、图 6.7 分别为选取的典型位置处水平、竖直加速度时程。

6.3.3 稳定性分析讨论

采用前面建立的多点地震动作用下考虑渗滤液的卫生填埋场稳定性分析方法，对该卫生填埋场进行滑移稳定性分析。并将得到的稳定性系数与规范算法进行对比分析。

(1)该卫生填埋场滑移失稳发生时当地并没有地震发生，因此，可以认为该卫生填埋场失稳是由连日降雨导致的渗滤液水位上升所致。由表 6.4 中滑移面的稳定性系数可知，不管有无地震动以及采用何种地震动计算方法，有渗滤液时稳定性系数比无渗滤液时均有较大幅度的减小。因此，确保该地区卫生填埋场稳定的关键是控制渗滤液水位，特别是在雨期加强监测渗滤液水位，在降雨到来前将渗滤液水位降至安全水位以下。

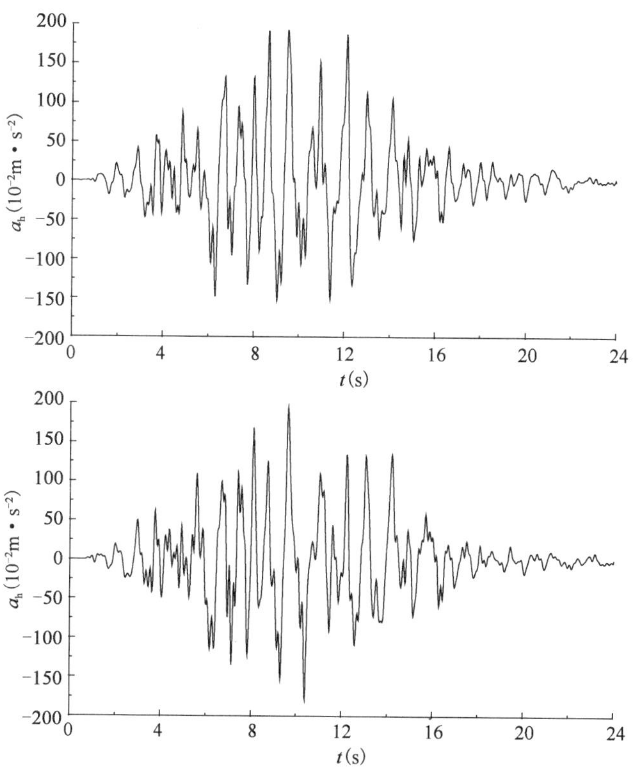

图6.6 用于计算的我国南方某卫生填埋场典型位置处水平加速度时程

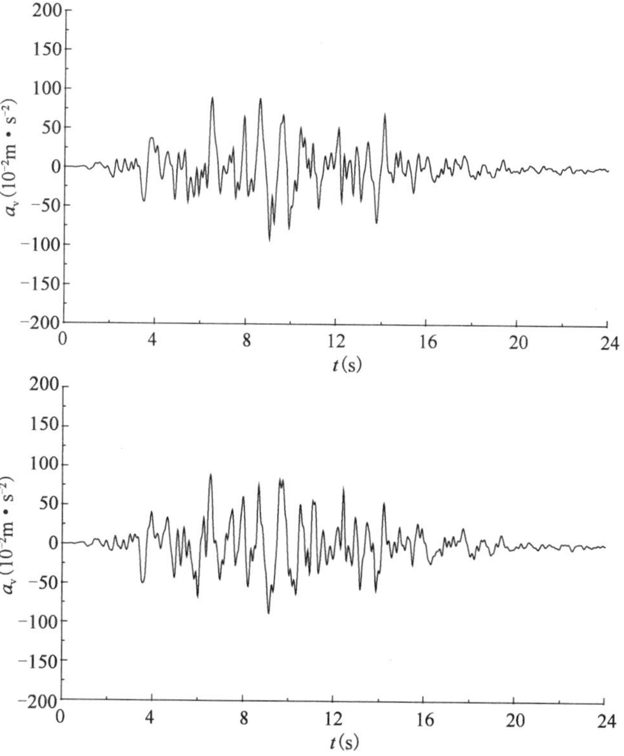

图6.7 用于计算的我国南方某卫生填埋场典型位置处竖直加速度时程

(2)地震对卫生填埋场稳定性系数的减小也有较大影响,如表6.4所示。如果无地震且不考虑渗滤液稳定性系数为1.55,采用规范地震动算法时稳定性系数为1.190,而采用本书地震动算法时稳定性系数为1.248。本书地震动算法比规范算法的稳定性系数略有提高(大约5%)。

不同方法计算的我国南方某卫生填埋场滑移稳定性系数对比 表6.4

无地震 无渗滤液	无地震 有渗滤液	规范地震 无渗滤液	规范地震 有渗滤液	本书地震 无渗滤液	本书地震 有渗滤液
1.55	0.993	1.190	0.754	1.248	0.791

(3)按本书多点地震动算法,即使没有渗滤液 h_w,安全系数也仅有1.248,并没有达到稳定性评价的临界值1.3。因此对于该卫生填埋场,不仅要降低渗滤液水位,更重要的是降低填埋高度与坡率。

(4)采用本书多点地震动算法,仍选取距坡顶2m的滑移面为计算滑移面,计算稳定性系数 $FS=1.3$ 所允许的渗滤液水位 h_w 最大值,计算结果列于表6.5。对于相同高度 H,随着坡率放缓,卫生填埋场中所允许的渗滤液水位增加;但坡率减缓也不意味着所允许的渗滤液水位无限增加,通过本工程实例的计算表明,坡率为1∶3时,所允许的渗滤液水位增加值与坡率1∶2.5相差不大。计算结果还表明,高度 H 较小时,即使坡率较陡,所允许的渗滤液水位仍然很高($H=20$m,坡率1∶1.5,h_w 所允许的水位为5.38m)。

我国南方某卫生填埋场不同高度、坡率下 $FS=1.3$ 所允许的 h_w 最大值 表6.5

(单位:m)

	1∶1.5	1∶2	1∶2.5	1∶3
$H=30$m	0.07	5.13	7.93	9.88
$H=25$m	3.46	6.46	8.49	9.97
$H=20$m	5.38	7.26	8.72	9.83

6.4 本章小结

本章通过前文建立的稳定性分析方法在工程实例中的应用,对考虑与不考虑渗滤液影响的卫生填埋场稳定性进行分析,并与规范规定的单点地震动输入的计算结果进行对比分析,通过计算得出:

(1)以我国北方某卫生填埋场为例,考虑基质吸力影响计算得到的稳定性系数比没有考虑时有明显增加;以稳定性系数1.3作为判断稳定与否的标准,考虑基质吸力时可能会改变规范算法确定的滑移面位置,实际工作中,应及时调整防范重点;通过增高后的稳定性计算,说明考虑基质吸力的多点地震动稳定性分析方法对该地区卫生填埋场的增高扩容有重要指导意义。

(2)对我国南方某卫生填埋场滑移失稳事件进行了分析计算,提出了确保该地区卫生填埋场稳定的关键是控制渗滤液水位,特别是在雨期加强监测渗滤液水位,在降雨到来前将渗滤液水位降至安全水位以下。

(3)计算了以稳定性系数 $FS=1.3$ 为导向的渗滤液水位 h_w 最大值。通过分析得出,对于相同高度 H,随着坡率放缓,卫生填埋场中所允许的渗滤液水位增加;高度 H 较小时,即使坡率较陡,所允许的渗滤液水位仍然很高。

第7章 总结与展望

7.1 主要工作及结论

本书从卫生填埋场的岩土工程学视角出发，对多点地震动作用下卫生填埋场稳定性问题进行了研究，完成的主要工作及得到的结论概括如下：

（1）在统计分析大量卫生填埋场失稳实例基础上，确定滑移失稳是卫生填埋场的主要失稳形式，分析了这一失稳形式的影响因素：填埋体力学参数（黏聚力、内摩擦角、重度）、衬垫接触面力学参数、填埋体几何外形参数、基质吸力、渗滤液、地震等。定性给出了稳定性系数随参数时间变化的表达式。

（2）通过卫生填埋场滑移失稳示意图揭示了填埋体与滑体背坡接触面、底部衬垫接触面抗剪强度共同决定填埋场的滑移稳定性，在填埋体的抗剪力不足或填埋体与底部衬垫接触面抗剪强度骤减时，滑移失稳发生。并通过公式分析了局部、整体滑移失稳形式发生的力学条件。

（3）采用人工合成多点地震动的方法，合成了考虑时间、空间变化的既随机又相关的多点地震动，将其与卫生填埋场的稳定性计算结合，讨论了包括地震作用效应折减系数 ζ 和动态分布系数 α_i 在内的多点地震动荷载计算的相关问题，建立了卫生填埋场多点地震动荷载的计算方法。

（4）编制相应的卫生填埋场稳定性计算程序，针对某一算例进行计算验证，结果表明了程序的正确性和有效性。并对稳定性分析中涉及的 FS_{true} 确定，地震动参数（视波速 v_a、地震动峰值加速度 a_{max}、动态分布系数 α_i）对稳定性的影响规律问题进行了分析。

①由于地震动加速度时程曲线的波动性，由此计算出的稳定性系数在每一时刻也不同，本书选取与加速度时程曲线对应的稳定性系数时程曲线上最小值作为本书稳定性评价的依据。

②稳定性分析方法建立中是否考虑主、被动块间的作用力将导致不同的结果，即最大、最小稳定性系数 FS_{max}、FS_{min}。在推导多点地震动作用下卫生填埋场的最大、最小稳定性系数 FS_{max}、FS_{min} 表达式的基础上，采用 FS_{ave}［$FS_{ave}=(FS_{max}+FS_{min})/2$］代替 FS_{true}，并通过计算确定相对误差范围在3%～5%，在可接受的误差范围内。

③由于人工合成多点地震动的随机性，致使两次计算得到的 FS_{ave} 差异性问题，本书应用统计学相关理论，计算了有95%可靠度的抽样样本数量。结果表明：随着地震动加速度峰值的增大，所需计算次数（样本容量）呈增大态势，且计算次数最多为26次。本书为方便编制计算程序，将计算次数统一为50次，并选取最小安全系数作为评价稳定性的依据。

④通过算例计算了地震动参数(视波速 v_a、地震动峰值加速度 a_{max}、动态分布系数 α_i)对卫生填埋场稳定性的影响规律,结果表明:在视波速 v_a 较小时,多点地震动作用下稳定性系数与规范算法中单点地震动作用下稳定性系数相差较大,随着视波速 v_a 的增大,这两种不同地震动作用下的稳定性系数差值越来越小;多点地震动作用下卫生填埋场的稳定性系数总是大于规范算法中单点地震动作用下稳定性系数,且两种算法计算的结果差值随地震动峰值加速度 a_{max} 增大而增大;动态分布系数 α_i 对卫生填埋场稳定性系数的影响较为明显,并且随着地震动峰值加速度 a_{max} 的增加,不同动态分布系数的差值呈增大趋势。

(5)通过借鉴非饱和土力学相关理论,建立了适合干旱半干旱地区卫生填埋场稳定性分析的方法。并利用该方法,通过大量的数值计算,分析了填埋体强度、重度、衬垫接触面力学参数、填埋场几何外形参数在多点地震动作用下对卫生填埋场局部、整体滑移稳定性的影响规律:

①对于局部或整体滑移面,随 c_{sw}、ϕ_{sw} 的增大,其稳定性系数增大;在考虑(u_a-u_w)时,卫生填埋场局部、整体稳定性系数均会增加;但是局部稳定性系数随基质吸力增加的变化幅度较大。

②局部滑移面考虑基质吸力(u_a-u_w)时,其稳定性系数随 γ_{sw} 的增大而逐渐趋于缓慢,不同于不考虑基质吸力(u_a-u_w)时稳定性系数近似线性减小的趋势,因此,基质吸力的存在改变了重度对稳定性系数的影响规律。

③卫生填埋场底部、背部衬垫接触面黏聚力、摩擦角与稳定性系数均为同号增减,就其影响稳定性的程度来说,底部衬垫接触面力学参数 c_p、δ_p 的影响程度明显大于背部衬垫接触面对稳定性的影响。在卫生填埋场衬垫选择时,应根据实测试验数据,首先选用接触面摩擦角 δ_p 较大的衬垫。

④随着填埋体高度 H 的增加,局部与整体滑移稳定性系数急剧减小,其减小的趋势又随着高度 H 的增加而趋于缓和;然而考虑基质吸力时,其稳定性系数有较大提高,因此,是否考虑基质吸力,直接影响卫生填埋场的纵向扩容,对于评价干旱半干旱地区卫生填埋场的稳定性非常重要。

(6)通过计算渗滤液水头压力,建立了适合湿润多雨地区卫生填埋场稳定性分析的方法。并利用该方法,通过大量的数值计算,分析了填埋体强度、重度、衬垫接触面力学参数、填埋场几何外形参数在多点地震动作用下对卫生填埋场局部、整体滑移稳定性的影响规律:

①对于局部或整体滑移面,随 c_{sw}、ϕ_{sw} 的增大,其稳定性系数增大;但随渗滤液水位 h_w 的增加,局部或整体滑移稳定性系数加速减小。

②对于相同的 γ_{sw} 和 h_w 工况,随滑移面的右移(滑移体积增大),其稳定性系数呈增大趋势,这说明渗滤液作用下,局部滑移面稳定性系数最小值出现在滑面2(坡顶)位置。

③卫生填埋场底部、背部衬垫接触面黏聚力、摩擦角与稳定性系数均为同号增减,就其影响稳定性的程度来说,底部衬垫接触面力学参数 c_p、δ_p 的影响程度明显大于背部衬垫接触面对稳定性的影响。在预计渗滤液水位较高时选取 δ_p 值较大的衬垫,对于改善卫生填埋场的稳定性有重要作用。

④局部滑移面的稳定性系数随着坡率 1∶n 的减小而呈增大趋势,这种增大趋势在局部滑移体积较小时比较明显,而随着局部滑移体积的增大而减缓;而整体滑移稳定性系数随着卫生

填埋场坡率1:n的减小而减小,与局部滑移时稳定性系数变化规律截然相反。因此,降低卫生填埋场前坡坡率有利于其局部滑移稳定;然而可能会降低整体滑移稳定性系数。

(7)以我国北方某卫生填埋场为例,考虑基质吸力影响计算得到的稳定性系数比没有考虑时有明显增加;以稳定性系数1.3作为判断稳定与否的标准,考虑基质吸力时可能会改变规范算法确定的滑移面位置,实际工作中,应及时调整防范重点;通过增高后的稳定性计算,说明考虑基质吸力的多点地震动稳定性分析方法对该地区卫生填埋场的增高扩容有重要指导意义。

(8)计算了以稳定性系数$FS=1.3$为导向的渗滤液水位h_w最大值,通过分析得出:对于相同高度H,随着坡率放缓,卫生填埋场中所允许的渗滤液水位增加;高度H较小时,即使坡率较陡,所允许的渗滤液水位仍然很高。

7.2 创 新 点

(1)在人工合成多点地震动理论研究基础上,提出了卫生填埋场稳定性分析中考虑时间、空间变化的多点地震动荷载计算方法,并对相关参数的取值进行了讨论。通过算例分析了地震动参数对滑移稳定性系数的影响,并通过与规范算法的对比,证明该计算方法的正确性和有效性。

(2)针对干旱半干旱地区填埋体非饱和的特点,提出了考虑基质吸力影响的多点地震动卫生填埋场局部、整体滑移形式的稳定性分析方法,并分析了各影响因素对两种滑移形式稳定性系数的影响。

(3)针对湿润多雨地区填埋场渗滤液水位高的特点,提出了考虑渗滤液影响的多点地震卫生填埋场局部、整体滑移形式的稳定性分析方法,并分析了各影响因素对两种滑移形式稳定性系数的影响。

7.3 展 望

卫生填埋场的地震稳定性分析是一个复杂的问题,其影响因素有很多。虽然国内外学者对目前卫生填埋场的地震稳定性分析中存在的问题都进行过深入的研究,取得了一些进展,但由于问题的复杂性以及各卫生填埋场都有其本身的特殊性,目前仍然存在一些尚未得到解决而又备受关注的问题。本书从卫生填埋场的岩土工程学视角出发,围绕多点地震动作用下卫生填埋场稳定性评价这一中心研究主题,对所涉及的相关问题进行了相关研究,取得了一些有价值的成果,但由于作者水平和研究时间的限制,本书的研究还不十分完善,还有不少问题值得进一步深入研究:

(1)本书分析卫生填埋场动力响应时忽略底部衬垫层的影响,这与实际情况有所差别,如何合理确定卫生填埋场的衬垫系统对多点地震动响应造成的影响,是有必要深入研究的一个课题。

(2)本书卫生填埋场多点地震动作用下的动态分布系数,参考现有工程结构的动态分布系数确定，而实际动态分布系数与填埋体的几何参数、填埋体特性、密实度等因素有关，并且填埋体各点的动态分布系数不同。如何确定多点地震动作用下更为真实的动态分布系数需进一步深入研究。

(3)本书在建立多点地震滑移稳定性分析方法时，参考现有研究将填埋体视为均质材料，不考虑中间的覆土影响。建立中间覆土对稳定性影响的方法需要深入研究。

(4)卫生填埋场渗滤液分布有多种形式，本书仅就其一种进行了分析计算，而其他渗滤液分布形式对稳定性系数的影响还有待研究。

参 考 文 献

[1] 聂永丰. 三废处理工程技术手册：固体废物卷[M]. 北京：化学工业出版社，2000.

[2] 杨晗熠，吴育华. 组合预测模型在城市垃圾产量预测中的研究与应用[J]. 北京理工大学学报：社会科学版，2009，11(2)：54-57.

[3] 张进锋，聂永丰，王琦. 欧盟垃圾填埋导则解读和启示[J]. 中国给水排水，2006，21(10)：35-38.

[4] 李国刚，曹杰山，汪志国. 我国城市生活垃圾处理处置的现状与问题[J]. 环境保护，2002(04)：35-38.

[5] 朱能武. 固体废物处理与利用[M]. 北京：北京大学出版社，2006.

[6] 曾伟，钟本和，赵红卫. 我国城市生活垃圾堆肥的现状和发展前景[J]. 湖北植保，2004(2)28-29.

[7] 马洪儒. 我国城市垃圾无害化处理问题研究[J]. 可再生能源，2004(1)：54-56.

[8] Lam C H K, Ip A W M, Barford J P, et al. Use of incineration MSW ash: a review[J]. Sustainability, 2010, 2(7): 1943-1968.

[9] Chang M B, Chung Y T. Dioxin contents in fly ashes of MSW incineration in Taiwan[J]. Chemosphere, 1998, 36(09): 1959-1968.

[10] Chimenos J M, Segarra M, Fernandez M A, et al. Characterization of the bottom ash in municipal solid waste incinerator[J]. Journal of Hazardous Materials, 1999, 64(3): 211-222.

[11] Fang Y, Zhou S, Yan L. Municipal Domestic Waste Incineration Technology and Application[J]. Energy Conservation Technology, 2010, 28(01): 76-80.

[12] 芈振明，高忠爱，祁梦兰. 固体废物的处理与处置[M]. 北京：高等教育出版社，1993.

[13] 黄本生，李晓红，王里奥. 重庆市主城区生活垃圾理化性质分析及处理技术[J]. 重庆大学学报（自然科学版），2003，26(9)：9-13.

[14] 时璟丽，张成. 垃圾焚烧发电技术在我国的应用及发展趋势[J]. 可再生能源，2005(2)：63-66.

[15] Qian X, Koerner R M, Gray D H. Geotechnical aspects of landfill design and construction[M]. New Jersey: Prentice Hall, 2002.

[16] 梅其岳，吴世明. 填埋处置固体废弃物中环境岩土工程问题分析[J]. 中国人口资源与环境，1999，9(04)：52-55.

[17] 柯瀚. 城市固体废弃物填埋场的沉降——静力和动力稳定研究[D]. 杭州：浙江大学，2002.

[18] Miuer R L, Schmidt G A, Shindell D T. Forced annular variations in the 20th cenry Intergovernmental Panel on Climate Change[J]. Journal of Geophysical Research—Atmospheres, 2006, 111(18): 32-41.

[19] 胡一蓉. 从国外城市生活垃圾的分类处理看我国城市垃圾处理发展方向[J]. 天津科技, 2011, 12(01):48-50.

[20] 张宪生, 沈吉敏, 厉伟, 等. 城市生活垃圾处理处置现状分析[J]. 安全与环境学报, 2003, 3(04): 60-64.

[21] 冯世进. 城市固体废弃物静动力强度特性及填埋场的稳定性分析 [D]. 杭州: 浙江大学, 2005.

[22] Seed R B, Mitchell J K, Seed H B. Kettleman-hills waste landfill slope failure. Ⅱ: stability analyses[J]. Journal of Geotechnical Engineering, 1990, 116(4): 669-690.

[23] Eid H T, Stark T D, Evans W D, et al. Municipal solid waste slope failure. Ⅰ: Waste and foundation soil properties[J]. Journal of Geotechnical and Geoenvironmental Engineering, 2000, 126(5): 397-407.

[24] 施建勇, 钱学德, 朱月兵. 卫生填埋场复合衬垫剪切特性单剪试验研究[J]. 岩土力学, 2010, 31(4): 1112-1117.

[25] 王君杰. 多点多维地震动随机模型及结构的反应谱分析方法[D]. 哈尔滨: 国家地震局工程力学研究所, 1992.

[26] 屈铁军, 王前信. 地下管线多点地震激励纵向振动的级数解[J]. 地震工程与工程振动, 1993, 13(4): 39-45.

[27] 屈铁军, 王前信. 多点输入地震反应分析研究的进展[J]. 世界地震工程, 1993, 11(1): 30-36.

[28] 李杰, 廖松涛. 工程场地地震动相干函数的数值模拟[J]. 地震工程与工程振动, 2003, 23(002): 12-17.

[29] 苗家武, 胡世德. 大型桥梁多激励效应的研究现状与发展[J]. 同济大学学报: 自然科学版, 1999, 27(2): 189-193.

[30] 史志利, 周立志, 李忠献. 空间变化地震激励下大跨度桥梁地震反应分析[J]. 特种结构, 2004, 20(4): 71-74.

[31] Bogdanoff J L, Goldberg J E, Schiff A J. The effect of ground transmission time on the response of long structures[J]. Bulletin of the Seismological Society of America, 1965, 55(3): 627-640.

[32] Harichandran R S, Wang W. Response of simple beam to spatially varying earthquake excitation[J]. Journal of engineering mechanics, 1988, 114(9): 1526-1541.

[33] Harichandran R S, Wang W. Response of indeterminate two-span beam to spatially varying seismic excitation[J]. Earthquake engineering & structural dynamics, 1990, 19(2): 173-187.

[34] Harichandran R S, Wang W. Effect of spatially varying seismic excitation on surface lifelines [C]//Proceeclings of 4th US National Conference on Earthquake Engineeing[S. I.]: [s. n.],1990.

[35] Hahn G. D., Liu X. Response of Structures to Incoherent Seismic Ground Motions[J]. ASME-PUBLICATIONS-PVP, 1994, 271: 87-87.

[36] 罗尧治，王荣. 索穹顶结构动力特性及多维多点抗震性能研究[J]. 浙江大学学报：工学版，2005，39(1)：39-45.

[37] 孙建梅. 多点输入下大跨空间结构抗震性能和分析方法的研究 [D]. 南京：东南大学，2005.

[38] 杨庆山，刘文华，田玉基. 国家体育场在多点激励作用下的地震反应分析[J]. 土木工程学报，2008，41(2)：35-41.

[39] 白凤龙，李宏男. 地震动多点激励下大跨空间网架结构的反应分析[J]. 工程力学，2010，27(07)：67-73.

[40] Su L, Dong S, Kato S. Seismic design for steel trussed arch to multi-support excitations[J]. Journal of Constructional Steel Research, 2007, 63(6): 725-734.

[41] 项海帆. 斜张桥在行波作用下的地震反应分析[J]. 同济大学学报，1983，11(2)：1-9.

[42] 陈幼平，周宏业. 斜拉桥地震反应的行波效应[J]. 土木工程学报，1996，29(6)：61-68.

[43] Abdel-Ghaffar A M, Nazmy A S. 3-D nonlinear seismic behavior of cable-stayed bridges[J]. Journal of structural Engineering, 1991, 117(11): 3456-3476.

[44] Nazmy A S, Abdel-Ghaffar A M. Effects of ground motion spatial variability on the response of cable-stayed bridges[J]. Earthquake engineering & structural dynamics, 2007, 21(1): 1-20.

[45] 王君杰，王前信. 大跨拱桥在空间变化地震动下的响应[J]. 振动工程学报，1995，8(2)：119-126.

[46] Harichandran R S, Hawwari A, Sweidan B N. Response of long-span bridges to spatially varying ground motion[J]. Journal of structural Engineering, 1996, 122(5): 476-484.

[47] Saxena V. Spatial variation of earthquake ground motion and development of bridge fragility curves[D]. Princeton: Princeton University, 2000.

[48] Harichandran R S, Vanmarcke E H. Stochastic variation of earthquake ground motion in space and time[J]. Journal of engineering mechanics, 1986, 112(2): 154-174.

[49] Monti G, Nuti C, Pinto P E. Nonlinear response of bridges under multisupport excitation[J]. Journal of structural Engineering, 1996, 122(10): 1147-1159.

[50] Luco J E, Wong H L. Response of a rigid foundation to a spatially random ground motion [J]. Earthquake engineering & structural dynamics, 1986, 14(6): 891-908.

[51] Der Kiureghian A, Keshishian P, Hakobian A. Multiple support response spectrum analysis of bridges including the site-response effect and the MSRS code[M]. [S. I.]: [s. n.], 1997.

[52] 范立础，王君杰，陈玮. 非一致地震激励下大跨度斜拉桥的响应特征[J]. 计算力学学报，2001，18(3)：358-363.

[53] 李忠献，史志利. 行波激励下大跨度连续刚构桥的地震反应分析[J]. 地震工程与工程振动，2003，23(2)：68-76.

[54] 刘洪兵，范立础. 大跨桥梁考虑地形及多点激励的地震响应分析[J]. 同济大学学报：自然科学版，2003，31(6)：641-646.

[55] 胡世德，王君杰．丫髻沙大桥主桥抗震性能研究[J]．铁道标准设计，2001，21(6)：21-25.

[56] Cen C. E. N. Eurocode 8：Design provisions for earthquake resistance of structures[M]. [S. I.]：[s. n.]，1994.

[57] Kim S H，Feng M Q. Fragility analysis of bridges under ground motion with spatial variation [J]. International Journal of Non-Linear Mechanics，2003，38(5)：705-721.

[58] 中华人民共和国行业推荐性标准. JTG/T B02-01—2008 公路桥梁抗震设计细则 [S]. 北京：人民交通出版社，2008.

[59] Zerva A. Effect of spatial variability and propagation of seismic ground motions on the response of multiply supported structures[J]. Probabilistic engineering mechanics，1991，6(3)：212-221.

[60] Zerva A. On the spatial variation of seismic ground motions and its effects on lifelines[J]. Engineering structures，1994，16(7)：534-546.

[61] Zerva A. Seismic loads predicted by spatial variability models[J]. Structural safety，1992，11(3)：227-243.

[62] Ghobarah A，Aziz T S，El-Attar M. Response of transmission lines to multiple support excitation[J]. Engineering structures，1996，18(12)：936-946.

[63] 董汝博，李昕，金峤，等．地震作用下海底悬跨管道水动力计算模型[J]．大连理工大学学报，2010(2)：245-250.

[64] 王岱，屈铁军，梁建文．地震动空间相关性对地下连续管线的影响[J]．振动工程学报，2010，23(002)：145-150.

[65] 陈厚群，侯顺载，王均．拱坝自由场地震输入和反应[J]．地震工程与工程振动，1990，10(2)：53-64.

[66] 田景元．土石坝多点输入地震反应分析及相关方法研究[D]．南京：河海大学，2003.

[67] 范昭平．多点、多向地震作用下边坡稳定性分析[D]．南京：河海大学，2010.

[68] Wald D J，Heaton T H，Hudnut K W. The slip history of the 1994 Northridge，California，earthquake determined from strong-motion，teleseismic，GPS，and leveling data[J]. Bulletin of the Seismological Society of America，1996，86(1B)：S49-S70.

[69] 邓学晶，孔宪京．卫生填埋场动力稳定机理及稳定分析研究现状与进展[J]．世界地震工程，2007，23(4)：59-65.

[70] Bray J D，Rathje E M. Earthquake-induced displacements of solid-waste landfills[J]. Journal of Geotechnical and Geoenvironmental Engineering，1998，124(3)：242-253.

[71] Matasovic N，Kavazanjian E，Giroud J P. Newmark Seismic Deformation Analysis for Composite Landfill Covers[J]. GEOTECHNICAL NEWS-VANCOUVER，1997，15：22-24.

[72] Chen Yunmin，Gao Deng，Zhu Bin，et al. Seismic stability and permanent displacement of landfill along liners[J]. 中国科学：技术科学，2008，51(4)：407-423.

[73] Qian Xuede，Koerner Robert M. Modification to Translational Failure Analysis of Landfills Incorporating Seismicity [J]. Journal of Geotechnical and Geoenvironmental Engineering，

2010, 136(5): 718-727.

[74] 邓学晶, 孔宪京, 邹德高. 城市卫生填埋场地震稳定性的拟静力分析方法[J]. 岩土工程学报, 2010(08): 1303-1308.

[75] Choudhury Deepankar, Savoikar Purnanand. Seismic stability analysis of expanded MSW landfills using pseudo-static limit equilibrium method[J]. Waste Management & Research, 2011, 29(2): 135-145.

[76] Rathje E M, Bray J D. One-and two-dimensional seismic analysis of solid-waste landfills[J]. Canadian Geotechnical Journal, 2001, 38(4): 850-862.

[77] Matasovic N, Kavazanjian Jr E. Seismic response of a composite landfill cover[J]. Journal of Geotechnical and Geoenvironmental Engineering, 2006, 132(4): 448-455.

[78] Augello A J, Bray J D, Abrahamson N A, et al. Dynamic properties of solid waste based on back-analysis of OII landfill[J]. Journal of Geotechnical and Geoenvironmental Engineering, 1998, 124(3): 211-222.

[79] Kavazanjian Jr E, Matasovic N, Stokoe K H, et al. In-situ shear wave velocity of solid waste from surface wave measurements[C]//International Congress on Environmental Geotechnics. [S. I.]:[s. n.],1996.

[80] 陈云敏, 柯瀚, 凌道盛. 城市垃圾填埋体的动力特性及地震响应[J]. 土木工程学报, 2002, 35(3): 66-72.

[81] 刘君, 孔宪京. 卫生填埋场复合边坡地震稳定性和永久变形分析[J]. 岩土力学, 2004, (05): 778-782.

[82] 邓学晶, 孔宪京, 刘君. 城市卫生填埋场的地震响应及稳定性分析[J]. 岩土力学, 2007(10): 2095-2100.

[83] Psarropoulos P N, Tsompanakis Y, Karabatsos Y. Effects of local site conditions on the seismic response of municipal solid waste landfills[J]. Soil Dynamics and Earthquake Engineering, 2007, 27(6): 553-563.

[84] Matasovic N, Kavazanjian Jr E. Cyclic characterization of OII landfill solid waste[J]. Journal of Geotechnical and Geoenvironmental Engineering, 1998, 124(3): 197-210.

[85] Yegian M K, Kadakal U. Geosynthetic interface behavior under dynamic loading[J]. Geosynthetics International, 1998, 5(1/2): 1-16.

[86] Kramer S L, Smith M W. Modified Newmark model for seismic displacements of compliant slopes[J]. Journal of Geotechnical and Geoenvironmental Engineering, 1997, 123(7): 635-644.

[87] Feng S, Chen Y, Kong X, et al. Experimental research on dynamic properties of municipal solid waste [J]. Chinese Jounal of Geotechnical Engineering, 2005,27(7):750-754.

[88] Brennan A J, Thusyanthan N I, Madabhushi S P. Evaluation of shear modulus and damping in dynamic centrifuge tests[J]. Journal of Geotechnical and Geoenvironmental Engineering, 2005, 131(12): 1488-1497.

[89] Matasovic N, Kavazanjian Jr E, Abourjeily F. Dynamic properties of solid waste from field

observations[C]//International Conference on Eartlquake Geotecknical Engineering. [S. I.] [s. n.],1995.

[90] Sharma H D, Dukes M T, Olsen D M. Field measurements of dynamic moduli and Poisson' s ratios of refuse and underlying soils at a landfill site[A]//Geotechnics of waste fills-Theory and practice. [S. I.]:ASTM International, 1990.

[91] Houston W N, Houston S L, Liu J W, et al. In-situ testing methods for dynamic properties of MSW landfills[J]. Geotechnical Special Publication, 1995(54): 73-82.

[92] Chen Y M, Gao D, Zhu B, et al. Seismic stability and permanent displacement of landfill along liners[J]. 中国科学:技术科学, 2008, 51(4): 407-423.

[93] Matasovic N, El-Sherbiny R, Kavazanjian Jr E. In-Situ Measurements of MSW Properties [C]//International Symposium on Waste Mechanics. [S. I.]:[s. n.],2008.

[94] Idriss I M, Fiegel G, Hudson M B, et al. Seismic response of the operating industries landfill [J]. Geotechnical Special Publication, 1995(54): 83-118.

[95] Kayabali K. Engineering aspects of a novel landfill liner material: bentonite-amended natural zeolite[J]. Engineering Geology, 1997, 46(2): 105-114.

[96] 钱学德, 施建勇, 郭志平. 黏土衬垫系统污染物迁移规律研究[J]. 河海大学学报(自然科学版), 2004(04): 415-420.

[97] 中华人民共和国行业标准. CJJ 17—2004　生活垃圾卫生填埋技术规范[S]. 北京:中国建筑工业出版社, 2004.

[98] Mitchell J K, Seed R B, Seed H. B. Kettleman Hills waste landfill slope failure. I: Liner-system properties[J]. Journal of Geotechnical Engineering, 1990, 116(4): 647-668.

[99] Koerner R M, Soong T Y. Stability assessment of ten large landfill failures[C]//Geo-denver. [S. I.]:[s. n.],2000.

[100] Blight G. Slope failures in municipal solid waste dumps and landfills: a review[J]. Waste Management & Research, 2008, 26(5): 448-463.

[101] Qian X, Koerner R M, Gray D H. Translational failure analysis of landfills[J]. Journal of Geotechnical and Geoenvironmental Engineering, 2003, 129(6): 506-519.

[102] Qian X. Limit equilibrium analysis of translational failure of landfills under different leachate buildup conditions[J]. Water Science and Engineering, 2008, 1(1): 44-62.

[103] Feng S J, Chen Y M, Gao L Y, et al. Translational failure analysis of landfill with retaining wall along the underlying liner system[J]. Environmental Earth Sciences, 2010, 60(1): 21-34.

[104] Savoikar Purnanand, Choudhury Deepankar. Effect of cohesion and fill amplification on seismic stability of municipal solid waste landfills using limit equilibrium method[J]. Waste Management & Research, 2010, 28(12): 1096-1113.

[105] Shang W, Sun Sh, Bai Q. Effect of matric suction on translational failure analyses of landfills undergoing vertical expansion[J]. Journal of Environmental Protection and Ecology, 2011, 12(1): 364-375.

[106] Choudhury Deepankar, Savoikar Purnanand. Seismic yield accelerations of MSW landfills by pseudo-dynamic approach[J]. Natural Hazards, 2011, 56(1): 275-297.

[107] Sabatini P J, Griffin L M, Bonaparte R, et al. Reliability of state of practice for selection of shear strength parameters for waste containment system stability analyses[J]. Geotextiles and Geomembranes, 2002, 20(4): 241-262.

[108] Hossain M D S, Haque M A. The effects of daily cover soils on shear strength of municipal solid waste in bioreactor landfills[J]. Waste Management, 2009, 29(5): 1568-1576.

[109] Gabr M A, Hossain M S, Barlaz M A. Shear strength parameters of municipal solid waste with leachate recirculation[J]. Journal of Geotechnical and Geoenvironmental Engineering, 2007, 133(4): 478-484.

[110] Chopra M, Reinhart D, Vajirkar M, et al. Stability of slopes of municipal solid waste landfills with co-disposal of biosolids[J]. Geo-Environment and Landscape Evolution, 2006, 89: 215-222.

[111] Gabr M A, Valero S N. Geotechnical Properties of Municipal Solid-Waste[J]. Geotechnical Testing Journal, 1995, 18(2): 241-251.

[112] Fassett J B, Leonards G A, Repetto P C. Geotechnical properties of municipal solid wastes and their use in landfill design[J]. Waste Tech, 1994, 94: 13-14.

[113] Landva A O, Clark J I, Weisner W R, et al. Geotechnical engineering and refuse landfills [C]//Proceeclings of 6th National Conference on Waste Management. Vancouver, Canada: [s. n.], 1984.

[114] Manassero M, Van Impe W F, Bouazza A. Waste disposal and containment[C]//Proceedings of 2nd International Congress on Environmental Geotechniques. Rotterdam: [s. n.]. 1996.

[115] 朱向荣，谢新宇，王朝晖. 杭州天子岭垃圾填埋体土工性状试验研究[J]. 土木工程学报，2004(10): 52-58.

[116] 陈云敏，柯瀚. 城市生活垃圾的工程特性及填埋场的岩土工程问题[J]. 工程力学，2005(S1): 119-126.

[117] Zhan T L T, Chen Y M, Ling W A. Shear strength characterization of municipal solid waste at the Suzhou landfill, China[J]. Engineering Geology, 2008, 97(3-4): 97-111.

[118] Reddy K R, Hettiarachchi H, Gangathulasi J, et al. Geotechnical properties of municipal solid waste at different phases of biodegradation[J]. Waste Management, 2011, 31(11): 2275-2286.

[119] Chen Y M, Zhan T L T, Wei H Y, et al. Aging and compressibility of municipal solid wastes[J]. Waste Management, 2009, 29(1): 86-95.

[120] Zekkos D, Bray J D, Kavazanjian E, et al. Unit weight of municipal solid waste[J]. Journal of Geotechnical and Geoenvironmental Engineering, 2006, 132(10): 1250-1261.

[121] Zhu Xiang-Rong, Jin Jian-Min, Fang Peng-Fei. Geotechnical behavior of the MSW in Tianziling landfill[J]. Journal of Zhejiang University: SCIENCE, 2003, 4(3): 324-330.

[122] Kavazanjian E, Bonaparte R, Schmertmann G R. Evaluation of MSW properties for seismic

analysis[J]. Geoenvironment,1995,43(13):1126-1141.

[123] 张振营，吴世明，陈云敏. 城市生活垃圾土性参数的室内试验研究[J]. 岩土工程学报，2000(01)：38-42.

[124] Gao D, Zhu B, Chen Y, et al. Strain analysis of intermediate liner system in vertical expansion landfill[J]. Journal of Zhejiang University:Engineering Science, 2009, 4: 030.

[125] 中华人民共和国行业标准. CJJ 113—2007 生活垃圾卫生填埋场防渗系统工程技术规范 [S].北京:中国建筑工业出版社,2004.

[126] 中华人民共和国国家标准. GB 16889—2008 生活卫生填埋场污染控制标准[S].北京:中国环境出版社,2008.

[127] Seed R B, Boulanger R W. Smooth HDPE-clay liner interface shear strengths: compaction effects[J]. Journal of Geotechnical Engineering, 1991, 117(4): 686-693.

[128] 詹良通，管仁秋，陈云敏. 某填埋场垃圾堆体边坡失稳过程监测与反分析[J]. 岩石力学与工程学报，2010，29(8)：1697-1705.

[129] 高丽亚. 卫生填埋场沿底部衬垫界面失稳破坏及土工膜拉力研究[D].上海:同济大学，2007.

[130] Blumel W, Brummermann K. Interface friction between geosynthetics and soils and between different geosynthetics[J]. Geosynthetics: Applications, Design and Construction Balkema, Rotterdam, Netherlands, 1996: 209-216.

[131] Briançon L, Girard H, Poulain D. Slope stability of lining systems—experimental modeling of friction at geosynthetic interfaces[J]. Geotextiles and Geomembranes, 2002, 20(3): 147-172.

[132] Bergado D T, Ramana G V, Sia H I, et al. Evaluation of interface shear strength of composite liner system and stability analysis for a landfill lining system in Thailand[J]. Geotextiles and Geomembranes, 2006, 24(6): 371-393.

[133] 姜炳阳. 含土工膜夹层土坡地震稳定性研究[D].大连:大连理工大学，2002.

[134] Seo M W, Park J B, Park I J. Evaluation of interface shear strength between geosynthetics under wet condition[J]. Soils and Foundations, 2007, 47(5): 845-856.

[135] 钱学德，郭志平，施建勇. 现代卫生填埋场的设计与施工[M]. 北京:中国建筑工业出版社，2001.

[136] 周健，刘文白，贾敏才. 环境岩土工程[M].北京:人民交通出版社，2004.

[137] 朱向荣，王朝晖，方鹏飞. 杭州天子岭卫生填埋场扩容可行性研究[J]. 岩土工程学报，2002(03)：281-285.

[138] Blight G E, Ball J M, Blight J. J. Moisture and Suction in Sanitary Landfills in Semiarid Areas[J]. Journal of Environmental Engineering, 1992, 118(6): 865-877.

[139] Benson Craig H, Wang Xiaodong. Soil water characteristic curves for solid waste[R]. 1998.

[140] Jang Y S, Kim Y W, Lee S I. Hydraulic properties and leachate level analysis of Kimpo metropolitan landfill, Korea[J]. Waste Management, 2002, 22(3): 261-267.

[141] Kazimoglu Y K,Mcdougall J R, Pyrah I C. Unsaturated Hydraulic Conductivity of Landfilled Waste[C]//Interncvtional Conference on Unsaturated Soils. [S. I.]:[s. n.],2006.

[142] 魏海云. 城市生活卫生填埋场气体运移规律研究[D]. 杭州:浙江大学, 2007.

[143] 张文杰. 城市生活卫生填埋场中水分运移规律研究[D]. 杭州:浙江大学, 2007.

[144] 侯长亮, 赵颖. 孔隙率及降解时间对垃圾土—水特征曲线影响的试验研究[J]. 武汉工业学院学报, 2009(03): 106-109.

[145] Fredlund D G, Rahardjo H. Soil Mechanics for Unsaturated Soils[M]. New York, USA: John Wiley & Sons, 1993.

[146] Fredlund D G, Vanapalli S K, Xing A, et al. Predicting the shear strength function for unsaturated soils using the soil-water characteristic curve[C]//International Confevence on Unsaturatecl Soils. [S. I.]:[s. n.],1995.

[147] Ke H, Chen Y, Huang C. Estimation of maximum liquid depth in layered drainage blankets over landfill barriers[J]. Journal of Environmental Engineering, 2008, 134(1): 67-76.

[148] 张澄博. 垃圾卫生填埋结构对地质环境效应的控制研究[J]. 地质灾害与环境保护, 1999(S1): 68-128.

[149] 谢海建, 詹良通, 陈云敏. 我国四类衬垫系统防污性能的比较分析[J]. 土木工程学报, 2011(07): 133-141.

[150] Koerner R M, Soong T Y. Leachate in landfills: the stability issues[J]. Geotextiles and Geomembranes, 2000, 18(5): 293-309.

[151] Jianguo Jiang, Yong Yang, Shihui Yang, et al. Effects of leachate accumulation on landfill stability in humid regions of China[J]. Waste Management, 2010, 30(5): 848-855.

[152] 徐锡伟. 藏北玛尼地震科学考察[C]//中国地震年鉴. 北京: 地震出版社, 2000: 327-329.

[153] Bray J D, Repetto P C. Seismic design considerations for lined solid waste landfills[J]. Geotextiles and Geomembranes, 1994, 13(8): 497-518.

[154] 陈云敏, 冯世进, 孔宪京. 城市固体废弃物的动力特性及参数确定[J]. 土木工程学报, 2006(05): 90-95.

[155] 邓学晶. 城市卫生填埋场振动台模型试验与地震稳定性分析方法研究[D]. 大连:大连理工大学, 2007.

[156] Choudhury D, Savoikar P, Fratta D, et al. Seismic translational failure analysis of MSW landfills using pseudo-static approach[C]//GeoFlorida 2010. [S. I.]:. American Society of Civil Engineers, 2010:2830-2839.

[157] Savoikar P, Choudhury D. Effect of cohesion and fill amplification on seismic stability of municipal solid waste landfills using limit equilibrium method[J]. Waste Management & Research, 2010, 28(12): 1096-1113.

[158] 徐晓兵. 基于降解—渗流—压缩耦合模型的填埋场垃圾固液气相互作用分析及工程应用[D]. 杭州:浙江大学, 2011.

[159] Shariatmadari Nader, Machado Sandro Lemos, Noorzad Ali, et al. Municipal solid waste ef-

fective stress analysis[J]. Waste Management, 2009, 29(12):2918-2930.

[160] 林伟岸. 复合衬垫系统剪力传递、强度特性及安全控制[D]. 杭州:浙江大学, 2009.

[161] Kavazanjian E, Merry S M. The 10 July 2000 Payatas landfill failure[C]//Proceedings of Sardinia'05—10th International Symposium Waste Management and Landfill, Cagliari, Italy. 2005.

[162] 尚文涛, 孙树林, 柏仇勇. 卫生填埋场的多点地震动响应分析方法研究[C]//2012 中国环境科学学会学术年会论文集. 中国环境科学学会, 2012.

[163] 屈铁军, 王前信. 空间相关的多点地震动合成(I)——基本公式[J]. 地震工程与工程振动, 1998,18(01): 8-15.

[164] 屈铁军,王前信. 空间相关的多点地震动合成(Ⅱ)——合成实例[J]. 地震工程与工程振动, 1998,18(02): 25-32.

[165] Hao H, Bolt B A, Penzien J. Effects of spatial variation of ground motions on large multiply-supported structures[R]. Berkley, Catlfornia: Earthquake Engineering Research Center, University of California, 1989.

[166] Feng Q M, Hu Y X. Spatial correlation of earthquake motion and its effect on structural response[R]. 1982.

[167] Guo-Xing C. The Evolution and Prospect of the Code for Seismic Design of Buildings in China [J]. Journal of Seismology, 2003, 1: 017.

[168] 周靖, 赵卫锋. 建筑抗震设计地震作用折减系数的取值方法[J]. 防灾减灾工程学报, 2008, 27(4): 465-469.

[169] 中华人民共和国行业规范. SL 191—2008 水工混凝土结构设计规范 [S]. 北京:中国水利水电出版社,2008.

[170] Davis L L, West L R. Observed effects of topography on ground motion[J]. Bulletin of the Seismological Society of America, 1973, 63(1): 283-298.

[171] 王存玉, 王思敬. 边坡模型振动实验研究 [M]. 北京:科学出版社, 1987.

[172] 祁生文. 岩质边坡动力反应分析[M]. 北京:科学出版社, 2007.

[173] 朱俊高, 许莹莹, 曹荣, 等. 地震作用下土石坝边坡稳定性分析研究[C]. 2006.

[174] Brand Edward W. Analysis and design in residual soils[C]//ASCE Geotechnical Engineering Division Specialty Conference on Engineering and Construction in Tropical and Residual Soils. Hawai, USA: ASCE, 1982.

[175] 王岩, 隋思涟, 王爱青. 数理统计与 MATLAB 工程数据分析[M]. 北京:清华大学出版社, 2006.

[176] 刘爱芹. 随机抽样中样本容量确定的影响因素分析[J]. 山东财政学院学报, 2006, 5: 60-64.

[177] 赵庆云, 张武, 王式功. 西北地区东部干旱半干旱区极端降水事件的变化[J]. 中国沙漠, 2005, 25(6): 904-909.

[178] Blight G E, Fourie A B. Experimental landfill caps for semi-arid and arid climates[J]. Waste Management & Research, 2005, 23(2): 113-125.

[179] Mcenroe B M, Schroeder P R. Leachate collection in landfills: steady case[J]. Journal of Environmental Engineering, 1988, 114(5): 1052-1062.

[180] Mcenroe B M. Maximum saturated depth over landfill liner[J]. Journal of Environmental Engineering, 1993, 119(2): 262-270.

[181] Qian X D, Gray D H, Koerner R M. Estimation of maximum liquid head over landfill barriers[J]. Journal of Geotechnical and Geoenvironmental Engineering, 2004, 130(5): 488-497.

[182] 柯瀚，黄传兵，陈云敏. 成层介质中填埋场渗滤液的最大饱和深度[J]. 岩土工程学报，2005，27(10):1194-1197.

[183] Shang W, Sun Sh, Bai Q, et al. Translational Failure Analysis of Landfill When Liners Under Dry And Wet Conditions[J]. Journal of Environmental Protection and Ecology, 2012, 13(4).

[184] Cox S E, Beaven R P, Powrie W, et al. Installation of horizontal wells in landfilled waste using directional drilling[J]. Journal of Geotechnical and Geoenvironmental Engineering, 2006, 132(7): 869-878.

[185] Beaven R P, Cox S E, Powrie W. Operation and performance of horizontal wells for leachate control in a waste landfill[J]. Journal of Geotechnical and Geoenvironmental Engineering, 2007, 133(8): 1040-1047.